冶金工业矿山建设工程预算定额

（2010年版）

第七册　施工机械台班费用定额、材料预算价格

北　京

冶　金　工　业　出　版　社

2011

图书在版编目(CIP)数据

冶金工业矿山建设工程预算定额:2010年版. 第七册,施工机械台班费用定额、材料预算价格/冶金工业建设工程定额总站编. —北京:冶金工业出版社,2011.1
ISBN 978-7-5024-5501-9

Ⅰ.①冶… Ⅱ.①冶… Ⅲ.①金属矿—矿山工程—预算定额 ②金属矿—矿山工程—工程机械—费用—工时定额 ③金属矿—矿山工程—工程材料—预算定额 Ⅳ.①TD85

中国版本图书馆CIP数据核字(2010)第256854号

出 版 人 曹胜利
地 址 北京北河沿大街嵩祝院北巷39号,邮编100009
电 话 (010)64027926 电子信箱 yjcbs@cnmip.com.cn
责任编辑 张 晶 美术编辑 李 新 版式设计 孙跃红
责任校对 卿文春 责任印制 牛晓波
ISBN 978-7-5024-5501-9
北京百善印刷厂印刷;冶金工业出版社发行;各地新华书店经销
2011年1月第1版,2011年1月第1次印刷
850mm×1168mm 1/32;6印张;158千字;178页
65.00元

冶金工业出版社发行部 电话:(010)64044283 传真:(010)64027893
冶金书店 地址:北京东四西大街46号(100010) 电话:(010)65289081(兼传真)
(本书如有印装质量问题,本社发行部负责退换)

冶金工业建设工程定额总站　文件

冶建定(2010)49 号

关于颁发《冶金工业矿山建设工程预算定额》(2010 年版)的通知

各有关单位:

为适应冶金矿山建设工程造价计价的需要,规范冶金矿山建设工程造价计价行为,指导企业合理确定和有效控制工程造价,由冶金工业建设工程定额总站组织修编的《冶金工业矿山建设工程预算定额》(2010 年版)第三册《尾矿工程》、第四册《剥离工程》、第五册《总图运输工程》、第六册《费用定额》、第七册《施工机械台班费用定额、材料预算价格》已经编制完成。经审查,现予以颁发。

本定额自 2011 年 1 月 1 日起施行。原《冶金矿山剥离工程预算定额》(1992 年版)、《冶金矿山尾矿工程预算定额》(1993 年版)、《冶金矿山总图运输工程预算定额》(1993 版)、《冶金矿山建筑安装工程施工机械台班费用定额》(1993 年版)、《冶金矿山建筑安装工程费用定额》(1996 年版)及《冶金矿山建筑安装工程费用定额》(井巷、机电设备安装部分)(2006 年版)同时停止执行。

本定额由冶金工业邯郸矿山预算定额站负责具体解释和日常管理。

冶金工业建设工程定额总站

二○一○年十一月二十八日

总　说　明

一、《冶金工业矿山建设工程预算定额》共分七册，包括:

第一册《井巷工程(直接费、辅助费)》(2006 年版);

第二册《机电设备安装工程》(2006 年版);

第三册《尾矿工程》(2010 年版);

第四册《剥离工程》(2010 年版);

第五册《总图运输工程》(2010 年版);

第六册《费用定额》(2010 年版);

第七册《施工机械台班费用定额、材料预算价格》(2010 年版)。

二、《冶金工业矿山建设工程预算定额》(2010 年版)(以下简称本定额)是完成规定计量单位分部分项工程所需的人工、材料、施工机械台班的计价定额;是统一冶金矿山工程预算工程量计算规则、项目划分、计量单位的依据;是编制冶金矿山工程施工图预算、招标控制价、确定工程造价指导性的计价依据;也是编制概算定额(指标)、投资估算指标的基础;可作为制定企业定额和投标报价的基础。其中工程量计算规则、项目划分、计量单位、工作内容等也可作为实行工程量清单计价，编制冶金矿山工程工程量清单的基础依据。

三、本定额适用于冶金矿山尾矿、剥离、总图运输的新建、改建、扩建和技术改造工程。

四、本定额是依据国家及冶金行业现行有关的产品标准、设计规范、施工及验收规范、技术操作规程、质量评定标准和安全操作规程编制的,同时也参考了具有代表性的工程设计、施工和其他资料。

五、本定额是按目前冶金矿山施工企业普遍采用的施工方法,施工机械装备水平、合理的工期、施工工艺和劳动组织条件;同时也参考了目前冶金矿山建设市场价格情况经分析进行编制的,基本上反映了冶金矿山建设市场的价格水平。

六、本定额是按下列正常的施工条件进行编制的:

1. 设备、材料、成品、半成品、构件完整无损,符合质量标准和设计要求,附有合格证书、实验记录和技术说明书。

2. 安装工程和土建工程之间的交叉作业正常,如施工与生产同时进行时,其降效增加费按人工费的10%计取;如在有害身体健康的环境中施工,其降效增加费按人工费的10%计取。

3. 正常的气候、地理条件和施工环境,如在特殊的自然地理条件下进行施工的工程,如高原、高寒、沙漠、沼泽地区以及洞库、水下工程,其增加费用应按各册的有关说明规定执行。

4. 施工现场的水、电供应状况,均应满足矿山工程正常施工需要,如不能满足时,应根据工程的具体情况,按经建设单位审定批准的施工组织设计方案,在工程施工合同中约定。

5. 安装地点、建筑物、构筑物、设备基础、预留孔洞等均符合安装的要求。

七、人工工日消耗量的确定:

1. 本定额的人工工日不分工种和技术等级，一律以综合工日表示，包括基本用工和其他用工。

2. 本定额综合工日人工单价分别取定为：井巷工程48元/工日，机电设备安装工程40元/工日（井上），机电设备安装工程42元/工日（井下）；尾矿、剥离、总图运输工程40元/工日。综合工日单价包括基本工资、辅助工资、劳动保护费和工资性津贴等。

八、材料消耗量的确定：

1. 本定额中的材料消耗量包括直接消耗在矿山工程建设工作内容中的主要材料、辅助材料和零星材料，并计入了相应损耗。其损耗包括的内容和范围是：从工地仓库、现场集中堆放地点或现场加工地点到操作或安装地点的运输、施工操作和施工现场堆放损耗。

2. 凡定额中未注明单价的材料均为主材，基价中不包括其价格；在确定工程招、投标书中的材料费时，应按括号内所列的用量，向材料供应商询价、招标采购或经建设单位批准的工程所在地市场材料价格进行采购。

3. 本定额基价的材料价格是按《冶金工业矿山建设工程预算定额》（2010年版）第七册《施工机械台班费用定额、材料预算价格》计算的，不足部分补充。

4. 用量很少，对基价影响很小的零星材料，合并为其他材料费，按其占材料费的百分比计算，以“元”表示，计入基价中的材料费。具体占材料费的百分比，详见各册说明。

5. 施工措施性消耗部分，周转性材料按不同施工办法、不同材质分别列出摊销量。

6. 主要材料损耗率见各册附录。

九、施工机械台班消耗量的确定:

1. 本定额的机械台班消耗量是按正常合理的机械配备和冶金矿山施工企业的机械装备水平综合取定的。

2. 凡单位价值在2000元以内,使用年限在两年以上的,不构成固定资产的工具、用具等未进入定额,已在《冶金工业矿山建设工程预算定额》(2010年版)第六册《费用定额》中考虑。

3. 本定额基价中的施工机械台班单价系按《冶金工业矿山建设工程预算定额》(2010年版)第七册《施工机械台班费用定额、材料预算价格》计算的。其中允许在公路上行走的机械,需要交纳车船使用税的设备,机械台班单价中已包括车船使用税。

4. 零星小型机械对基价影响不大的,合并为其他机械费,按其占机械费的百分比计算,以"元"表示,计入基价中的机械费,具体占机械费的百分比,详见各册说明。

十、关于水平和垂直运输:

1. 设备:包括自安装现场指定堆放地点运至安装地点的水平和垂直运输。

2. 材料、成品、半成品:包括自施工单位现场仓库或现场指定堆放地点至建筑安装地点的水平和垂直运输。

3. 垂直运输基准面:室内以室内地平面为基准面,室外以安装现场地平面为基准面。

十一、拆除工程计算办法:

1. 保护性拆除:凡考虑被拆除的设备再利用时,则采取保护性拆除。按相应定额人工加机械乘0.7系数计算拆除费。

2. 非保护性拆除：凡不考虑被拆除的设备再利用时，则采取非保护性拆除。按相应定额人工加机械乘 0.5 系数计算拆除费。

十二、本定额中注有“XXX 以内”或“XXX 以下”者均包括 XXX 本身；“XXX 以外”或“XXX 以上”者均不包括 XXX 本身。

十三、本定额适用于海拔高度 1500 ~ 3000m 以下、地震烈度七级以下的地区，具体详见各册说明，按各册规定的调整系数进行调整。

十四、本说明未尽事宜，详见各册说明。

目　　录

第一部分　冶金工业矿山建设工程施工机械台班费用定额

第一章　施工机械台班费用定额

第二章　施工机械台班费用基础定额

第二部分　冶金工业矿山建设工程材料预算价格

第一章　材料预算价格

第二章　配合比

第一部分

冶金工业矿山建设工程施工机械台班费用定额

第一章　施工机械台班费用定额

说　　明

一、《冶金工业矿山建设工程施工机械台班费用定额》是根据建设部颁发的《全国统一施工机械台班费用编制规则》（建标字[2001]196号）规定，以《全国统一施工机械台班费用定额》和《全国统一施工机械保养修理技术经济定额》为基础，结合目前冶金矿山施工机械设备配置状况，在原冶金矿山机械台班定额（93）的基础上进行修订的。

本定额作为编制《冶金矿山剥离、总图运输、尾矿工程预算定额》中基价的计价依据。

二、本定额由以下七项费用组成：

1. 折旧费：指施工机械在规定的使用期限内陆续收回其原值的费用。

2. 大修理费：指施工机械按规定的大修间隔台班必须进行大修理，以恢复其正常功能所需的费用。

3. 经常修理费：指施工机械除大修以外的各级保养（包括一、二、三级保养）及临时故障排除所需的费用；为保障机械正常运转所需替换设备、随机使用工具、附具摊销和维护的费用；机械运转与日常保养所需润滑油脂、擦拭料（布及棉纱）费用和机械停置的维护保养费用等。

4. 安拆费及场外运输费：

安拆费：指施工机械在施工现场进行安装、拆卸所需的人工、材料、机械费、试运转费以及机械辅助设施的折旧、搭设、拆除等费用。

场外运输费：指施工机械整体和分体自停放地点运至施工现场或由一个施工地点运至另一施工地点的运输、装卸、辅助材料以及架线等费用。

该项费用根据机械类型不同可分为计入台班单价、单独计算（见附表）、不计算三种类型。

5. 燃料动力费:指施工机械在运转施工作业中所耗用的电力、固体燃料(煤、木柴)、液体燃油(汽油、柴油)、水和风力费,本定额燃料动力费单价是综合取定价格的。

6. 人工费:指机上司机、司炉及其他操作人员的工作日以及上述人员在机械规定年工作台班以外的费用。

本定额人工工日单价按40元/工日计算。

7. 其他费用:指施工机械按照国家有关规定应交纳的车船使用税、运输管理费、保险费、车辆年检等有关费用。

三、本定额中每台班按八小时工作制计算,不足四小时计半个台班,超过四小时计一个台班。

四、本定额中折旧费、大修理费、经常修理费、安拆费及场外运输费由冶金行业定额管理部门根据市场价格变化统一进行调整,人工工日数量、燃料动力消耗数量原则上不作调整,但燃料动力费价格可根据工程所在地有关部门公布的价格进行调整。

五、本定额折旧年限是按照财政部文件中规定的折旧年限范围,根据相关资料综合确定;年折现率按照中国人民银行2009年一年期贷款利率的5.31%计算。

六、单独计算附表中的有关说明

附表一:塔式起重机基础及轨道铺拆费用表

1. 轨道铺拆费以直线型为准,如铺设弧线型时,乘以系数1.15计算。

2. 固定式基础未考虑打桩,如需要打桩,则其打桩费用另列项目计算。

3. 轨道和枕木之间增加其他型钢或钢板的轨道、自升塔式起重机行走轨道、不带配重的自升塔式起重机固定式基础、施工电梯和混凝土搅拌站的基础,本定额未包括。

附表二:特大型机械场外运输费用表

1. 安装拆除费中已包括机械安装完毕后的试运转费用。

2. 自升塔式起重机的安拆费是以塔高 70m 确定的，如塔高超过 70m 时，每增高 10m，安拆费增加 20%，其增高部分的折旧费，按相应定额子目折旧费的 5% 计算，并入台班基价中。

附表三：特大型机械每安装拆卸一次费用表

1. 场外运输费已包括机械的回程费用。

2. 场外运输费为运距 25km 以内的机械进出场费用，超过 25km 时，其超过部分按交通运输部门运费标准计算，不参与取费（税金除外）。

七、本定额凡注明"××"以内者，均含"××"本身；注明"××"以外者，均不含"××"本身。

八、本定额的燃料动力费价格，详见下表：

单位：元

序号	燃料动力名称	单位	单价	序号	燃料动力名称	单位	单价
1	汽油	kg	6.50	5	水	m^3	4.00
2	柴油	kg	7.63	6	风	m^3	0.165
3	煤	t	540.00	7	木柴	kg	0.46
4	电	kW·h	0.85				

一、土石方及筑路机械

单位:台班

定额编号				JX301001	JX301002	JX301003	JX301004	JX301005	JX301006	JX301007	JX301008	JX301009
项目		单位	单价(元)	履带式单斗挖掘机								
				机动		电动						
				$1m^3$	$1.5m^3$	$1m^3$	$2m^3$	$3m^3$	$4m^3$	$10m^3$	$12m^3$	$15m^3$
基价		**元**		**910.73**	**1286.05**	**844.56**	**1081.68**	**1941.40**	**3406.48**	**5164.01**	**6645.73**	**8094.70**
第一类费用	折旧费	元	–	247.910	266.180	287.060	307.190	614.370	996.200	1674.280	2511.420	3357.500
	大修理费	元	–	47.610	94.290	32.260	69.980	172.210	421.700	506.040	607.250	698.340
	经常修理费	元	–	132.350	262.120	95.180	206.450	508.010	1244.020	1492.830	1791.400	2060.100
	第一类费用小计	元	–	427.870	622.590	414.500	583.620	1294.590	2661.920	3673.150	4910.070	6115.940
第二类费用	人工	工日	40.00	2.500	2.500	2.500	2.500	2.500	2.500	2.500	2.500	2.500
	柴油	kg	7.63	49.030	72.700	–	–	–	–	–	–	–
	电	kW·h	0.85	–	–	378.000	458.000	633.000	748.000	1626.000	1914.000	2200.000
	其他费用	元	–	8.760	8.760	8.760	8.760	8.760	8.760	8.760	8.760	8.760
	第二类费用小计	元	–	482.860	663.460	430.060	498.060	646.810	744.560	1490.860	1735.660	1978.760

单位:台班

定额编号				JX301010	JX301011	JX301012	JX301013	JX301014	JX301015	JX301016
项目		单位	单价(元)	履带式单斗挖掘机						
				液压						
				0.6m³	0.8m³	1m³	1.25m³	1.6m³	2m³	2.5m³
基价		元		**683.41**	**903.20**	**1039.58**	**1228.51**	**1489.50**	**1511.21**	**1664.33**
第一类费用	折旧费	元	–	149.270	219.210	242.690	267.220	308.450	333.770	363.810
	大修理费	元	–	52.790	61.730	66.700	82.170	96.090	134.380	146.600
	经常修理费	元	–	118.250	130.250	140.740	173.390	202.750	283.540	309.320
	第一类费用小计	元	–	320.310	411.190	450.130	522.780	607.290	751.690	819.730
第二类费用	人工	工日	40.00	2.500	2.500	2.500	2.500	2.500	2.500	2.500
	柴油	kg	7.63	33.680	50.230	63.000	78.240	101.370	85.290	96.440
	其他费用	元	–	6.120	8.760	8.760	8.760	8.760	8.760	8.760
	第二类费用小计	元	–	363.100	492.010	589.450	705.730	882.210	759.520	844.600

单位:台班

定额编号				JX301017	JX301018	JX301019	JX301020	JX301021	JX301022	JX301023
项目		单位	单价(元)	轮胎式装载机						
				0.5m^2	1m^3	1.5m^3	2m^3	2.5m^3	3m^3	4.5m^3
基价		**元**		**452.29**	**658.53**	**729.61**	**844.75**	**960.41**	**1065.24**	**1239.93**
第一类费用	折旧费	元	-	70.440	79.500	93.480	131.450	153.360	167.970	216.650
	大修理费	元	-	14.140	25.090	27.540	33.550	37.540	43.390	55.780
	经常修理费	元	-	50.350	89.320	98.040	119.430	133.650	154.460	198.570
	第一类费用小计	元	-	134.930	193.910	219.060	284.430	324.550	365.820	471.000
第二类费用	人工	工日	40.00	1.250	1.250	1.250	1.250	1.250	1.250	1.250
	柴油	kg	7.63	33.430	52.730	58.750	65.220	75.110	83.440	92.550
	其他费用	元	-	12.290	12.290	12.290	12.690	12.770	12.770	12.770
	第二类费用小计	元	-	317.360	464.620	510.550	560.320	635.860	699.420	768.930

单位:台班

定额编号				JX301024	JX301025	JX301026	JX301027	JX301028
项目		单位	单价(元)	履带式推土机				
				50kW	55kW	65kW	75kW	90kW
基价		**元**		**447.24**	**492.32**	**546.43**	**785.32**	**883.68**
第一类费用	折旧费	元	-	39.280	40.170	41.850	120.630	155.190
	大修理费	元	-	19.410	21.390	23.790	40.000	47.080
	经常修理费	元	-	50.480	55.610	61.840	103.990	122.400
	第一类费用小计	元	-	109.170	117.170	127.480	264.620	324.670
第二类费用	人工	工日	40.00	2.500	2.500	2.500	2.500	2.500
	柴油	kg	7.63	30.400	35.260	41.000	53.990	59.010
	其他费用	元	-	6.120	6.120	6.120	8.760	8.760
	第二类费用小计	元	-	338.070	375.150	418.950	520.700	559.010

单位:台班

定额编号				JX301029	JX301030	JX301031	JX301032	JX301033
项目		单位	单价(元)	履带式推土机				
				105kW	135kW	165kW	240kW	320kW
基价		**元**		**909.51**	**1222.69**	**1441.80**	**1883.02**	**2124.66**
第一类费用	折旧费	元	-	172.200	305.010	363.500	523.170	610.910
	大修理费	元	-	49.320	86.510	118.220	196.330	251.360
	经常修理费	元	-	128.220	224.930	307.380	394.610	465.010
	第一类费用小计	元	-	349.740	616.450	789.100	1114.110	1327.280
第二类费用	人工	工日	40.00	2.500	2.500	2.500	2.500	2.500
	柴油	kg	7.63	59.110	65.200	71.290	86.520	90.000
	其他费用	元	-	8.760	8.760	8.760	8.760	10.680
	第二类费用小计	元	-	559.770	606.240	652.700	768.910	797.380

单位:台班

定额编号				JX301034	JX301035	JX301036	JX301037	JX301038	JX301039	JX301040	JX301041
项目		单位	单价(元)	自行式铲运机							
				单引擎						双引擎	
				$3m^3$	$4m^3$	$6m^3$	$8m^3$	$10m^3$	$12m^3$		$23m^3$
基价		元		**745.91**	**835.12**	**933.83**	**1056.34**	**1158.40**	**1345.85**	**2228.75**	**3430.70**
第一类费用	折旧费	元	–	164.520	244.050	260.120	281.310	288.620	380.690	461.790	1280.160
	大修理费	元	–	53.520	56.150	59.220	64.440	68.590	85.790	183.650	263.690
	经常修理费	元	–	143.430	150.480	158.710	172.710	183.830	229.930	492.170	706.700
	第一类费用小计	元	–	361.470	450.680	478.050	518.460	541.040	696.410	1137.610	2250.550
第二类费用	人工	工日	40.00	2.500	2.500	2.500	2.500	2.500	2.500	2.500	2.500
	柴油	kg	7.63	34.820	34.820	44.170	54.930	65.330	69.510	127.400	139.020
	其他费用	元	–	18.760	18.760	18.760	18.760	18.890	19.080	19.080	19.430
	第二类费用小计	元	–	384.440	384.440	455.780	537.880	617.360	649.440	1091.140	1180.150

单位:台班

定额编号				JX301042	JX301043	JX301044	JX301045
项目		单位	单价(元)	拖式铲运机			
				$3m^3$	$8m^3$	$10m^3$	$12m^3$
基价		**元**		**534.84**	**928.69**	**1170.84**	**1350.77**
第一类费用	折旧费	元	-	32.900	113.260	131.520	155.270
	大修理费	元	-	31.300	61.760	123.720	157.030
	经常修理费	元	-	102.980	203.190	289.510	367.440
	第一类费用小计	元	-	167.180	378.210	544.750	679.740
第二类费用	人工	工日	40.00	2.500	2.500	2.500	2.500
	柴油	kg	7.63	35.080	59.040	68.950	74.840
	第二类费用小计	元	-	367.660	550.480	626.090	671.030

单位:台班

定额编号				JX301046	JX301047	JX301048	JX301049	JX301050	JX301051	JX301052
项目		单位	单价(元)	履带式拖拉机						
				55kW	60kW	75kW	90kW	105kW	120kW	135kW
基价		**元**		**509.83**	**559.10**	**751.27**	**875.63**	**996.80**	**1088.33**	**1300.52**
第一类费用	折旧费	元	-	31.630	37.010	92.520	155.790	172.440	206.220	226.520
	大修理费	元	-	17.820	22.010	36.780	43.700	45.580	61.280	80.040
	经常修理费	元	-	47.760	59.000	98.580	117.110	122.170	164.220	214.500
	第一类费用小计	元	-	97.210	118.020	227.880	316.600	340.190	431.720	521.060
第二类费用	人工	工日	40.00	2.500	2.500	2.500	2.500	2.500	2.500	2.500
	柴油	kg	7.63	40.170	43.900	54.340	59.010	71.800	71.800	87.900
	其他费用	元	-	6.120	6.120	8.780	8.780	8.780	8.780	8.780
	第二类费用小计	元	-	412.620	441.080	523.390	559.030	656.610	656.610	779.460

单位:台班

定额编号				JX301053	JX301054	JX301055	JX301056	JX301057	JX301058	JX301059	JX301060	JX301061
项目		单位	单价(元)	轮式拖拉机		平地机						
				21kW	41kW	75kW	90kW	120kW	135kW	150kW	180kW	220kW
基价		元		**248.39**	**433.02**	**641.67**	**676.26**	**933.70**	**1102.02**	**1273.02**	**1560.13**	**1983.28**
第一类费用	折旧费	元	–	18.250	32.420	134.300	147.430	220.850	247.710	278.150	328.290	434.530
	大修理费	元	–	11.800	25.640	28.120	32.940	41.040	62.720	82.550	111.210	155.160
	经常修理费	元	–	24.900	54.100	97.020	113.660	141.580	216.400	284.810	383.690	535.310
	第一类费用小计	元	–	54.950	112.160	259.440	294.030	403.470	526.830	645.510	823.190	1125.000
第二类费用	人工	工日	40.00	1.250	1.250	2.500	2.500	2.500	2.500	2.500	2.500	2.500
	柴油	kg	7.63	17.500	34.200	35.440	35.440	54.790	60.630	67.440	81.730	97.580
	其他费用	元	–	9.910	9.910	11.820	11.820	12.180	12.580	12.940	13.340	13.740
	第二类费用小计	元	–	193.440	320.860	382.230	382.230	530.230	575.190	627.510	736.940	858.280

单位:台班

<table>
<tr><td colspan="4">定额编号</td><td>JX301062</td><td>JX301063</td><td>JX301064</td><td>JX301065</td><td>JX301066</td><td>JX301067</td><td>JX301068</td></tr>
<tr><td colspan="2" rowspan="3">项目</td><td rowspan="3">单位</td><td rowspan="3">单价(元)</td><td colspan="5">羊足碾</td><td rowspan="3">振动碾</td><td rowspan="3">轮胎碾9~16t</td></tr>
<tr><td>单筒</td><td colspan="4">双筒</td></tr>
<tr><td>3t内</td><td>6t内</td><td>9t内</td><td>12t内</td><td>16t内</td></tr>
<tr><td colspan="2">基价</td><td>元</td><td></td><td>19.86</td><td>34.59</td><td>69.95</td><td>80.43</td><td>107.67</td><td>505.05</td><td>139.27</td></tr>
<tr><td rowspan="5">第一类费用</td><td>折旧费</td><td>元</td><td>-</td><td>6.060</td><td>10.780</td><td>44.670</td><td>53.540</td><td>79.000</td><td>126.820</td><td>70.100</td></tr>
<tr><td>大修理费</td><td>元</td><td>-</td><td>1.360</td><td>2.240</td><td>2.460</td><td>2.710</td><td>2.980</td><td>15.880</td><td>17.870</td></tr>
<tr><td>经常修理费</td><td>元</td><td>-</td><td>7.520</td><td>12.420</td><td>13.670</td><td>15.030</td><td>16.540</td><td>55.370</td><td>51.300</td></tr>
<tr><td>安拆及场外运输费</td><td>元</td><td>-</td><td>4.920</td><td>9.150</td><td>9.150</td><td>9.150</td><td>9.150</td><td>-</td><td>-</td></tr>
<tr><td>第一类费用小计</td><td>元</td><td>-</td><td>19.860</td><td>34.590</td><td>69.950</td><td>80.430</td><td>107.670</td><td>198.070</td><td>139.270</td></tr>
<tr><td rowspan="3">第二类费用</td><td>人工</td><td>工日</td><td>40.00</td><td>-</td><td>-</td><td>-</td><td>-</td><td>-</td><td>1.250</td><td>-</td></tr>
<tr><td>柴油</td><td>kg</td><td>7.63</td><td>-</td><td>-</td><td>-</td><td>-</td><td>-</td><td>33.680</td><td>-</td></tr>
<tr><td>第二类费用小计</td><td>元</td><td>-</td><td>-</td><td>-</td><td>-</td><td>-</td><td>-</td><td>306.980</td><td>-</td></tr>
</table>

单位:台班

定额编号				JX301069	JX301070	JX301071	JX301072
项目		单位	单价（元）	轮胎压路机不加载重量	振动压路机		
				9t内	8t	12t	15t
基价		**元**		**466.70**	**560.51**	**808.11**	**1039.91**
第一类费用	折旧费	元	–	52.230	108.080	128.540	140.690
	大修理费	元	–	24.290	39.070	43.970	46.750
	经常修理费	元	–	96.920	120.340	135.430	144.000
	第一类费用小计	元	–	173.440	267.490	307.940	331.440
第二类费用	人工	工日	40.00	1.250	1.250	1.250	1.250
	柴油	kg	7.63	30.000	31.850	59.000	86.300
	其他费用	元	–	14.360	–	–	–
	第二类费用小计	元	–	293.260	293.020	500.170	708.470

单位:台班

定额编号				JX301073	JX301074	JX301075	JX301076	JX301077	JX301078
项目		单位	单价(元)	光轮压路机					
				内燃					
				6t	8t	12t	15t	18t	20t
基价		元		**258.82**	**335.17**	**456.72**	**549.01**	**853.29**	**937.58**
第一类费用	折旧费	元	-	56.700	62.670	75.690	80.880	90.130	130.690
	大修理费	元	-	14.020	16.980	20.470	21.480	23.090	33.470
	经常修理费	元	-	45.010	54.520	65.710	68.940	74.100	107.450
	第一类费用小计	元	-	115.730	134.170	161.870	171.300	187.320	271.610
第二类费用	人工	工日	40.00	1.250	1.250	1.250	1.250	1.250	1.250
	柴油	kg	7.63	12.200	19.790	32.090	42.950	80.730	80.730
	第二类费用小计	元	-	143.090	201.000	294.850	377.710	665.970	665.970

单位:台班

定额编号				JX301079	JX301080	JX301081	JX301082	JX301083	JX301084	JX301085	JX301086	JX301087
项目		单位	单价(元)	夯实机		凿岩机		装岩机			汽车式沥青喷洒机	
				电动	内燃	气腿式	手持式	风动	电动		箱容量	
				夯击能力	夯足直径			斗容量			4000L	7500L
				20~62kg/m	265mm			0.12m³	0.2m³	0.6m³		
基价		元		**28.49**	**35.80**	**195.17**	**132.38**	**731.57**	**214.54**	**319.27**	**535.14**	**819.39**
第一类费用	折旧费	元	-	4.910	4.480	5.020	2.880	21.180	25.830	39.470	137.280	250.690
	大修理费	元	-	1.240	2.410	2.010	1.120	6.650	9.200	15.860	49.240	74.440
	经常修理费	元	-	5.740	11.160	14.170	7.870	13.690	15.650	26.960	83.220	125.810
	安拆及场外运输费	元	-	2.490	2.490	1.990	1.990	10.900	10.900	10.900	-	-
	第一类费用小计	元	-	14.380	20.540	23.190	13.860	52.420	61.580	93.190	269.740	450.940
第二类费用	人工	工日	40.00	-	-	-	-	2.500	2.500	2.500	1.250	1.250
	汽油	kg	6.50	-	-	-	-	-	-	-	31.230	-
	柴油	kg	7.63	-	2.000	-	-	-	-	-	-	40.030
	电	kW·h	0.85	16.600	-	-	-	-	62.300	148.330	-	-
	风	m³	0.17	-	-	972.000	648.000	3510.000	-	-	-	-
	水	m³	4.00	-	-	2.900	2.900	-	-	-	-	-
	其他费用	元	-	-	-	-	-	-	-	-	12.400	13.020
	第二类费用小计	元	-	14.110	15.260	171.980	118.520	679.150	152.960	226.080	265.400	368.450

单位:台班

定额编号				JX301088	JX301089	JX301090	JX301091	JX301092	JX301093	JX301094	JX301095	JX301096
项目		单位	单价(元)	沥青混凝土摊铺机						沥青混凝土摊铺机	沥青混凝土拌和机	
				载重量								
				4t	6t	8t	12t	8t 带自动找平	12t 带自动找平	TX150	拌和式	强迫式
基价		**元**		**518.16**	**616.01**	**827.72**	**994.48**	**1378.25**	**2314.92**	**689.83**	**1340.99**	**268.64**
第一类费用	折旧费	元	–	97.420	148.420	204.740	216.920	640.870	1074.720	395.790	310.390	118.750
	大修理费	元	–	39.640	45.540	73.250	73.890	97.640	172.570	84.150	88.570	23.030
	经常修理费	元	–	78.100	89.720	144.300	145.560	120.090	212.260	159.890	256.860	40.310
	第一类费用小计	元	–	215.160	283.680	422.290	436.370	858.600	1459.550	639.830	655.820	182.090
第二类费用	人工	工日	40.00	2.500	2.500	2.500	2.500	2.500	2.500	1.250	–	1.250
	汽油	kg	6.50	31.230	–	–	–	–	–	–	–	–
	柴油	kg	7.63	–	30.450	40.030	60.040	55.000	99.000	–	89.800	–
	电	kW·h	0.85	–	–	–	–	–	–	–	–	43.000
	第二类费用小计	元	–	303.000	332.330	405.430	558.110	519.650	855.370	50.000	685.170	86.550

单位:台班

定额编号				JX301097	JX301098	JX301099	JX301100	JX301101	JX301102	JX301103	JX301104	JX301105
项目		单位	单价(元)	螺旋钻机			工程钻机			冲击钻机		
				孔径(mm)						CZ-20	CZ-22	CZ-30
				ϕ400	ϕ600	ϕ800	ϕ500	ϕ800	ϕ1500			
基价		**元**		**526.63**	**628.80**	**842.84**	**508.97**	**640.43**	**706.40**	**465.28**	**496.69**	**632.34**
第一类费用	折旧费	元	-	219.190	257.510	400.670	180.810	277.840	277.840	66.780	74.410	89.680
	大修理费	元	-	14.100	16.120	19.280	40.000	46.000	54.040	51.660	57.460	69.610
	经常修理费	元	-	88.380	101.090	120.890	83.200	95.680	112.410	160.140	178.120	215.800
	第一类费用小计	元	-	321.670	374.720	540.840	304.010	419.520	444.290	278.580	309.990	375.090
第二类费用	人工	工日	40.00	2.500	2.500	2.500	2.500	2.500	2.500	2.500	2.500	2.500
	电	kW·h	0.85	123.480	181.270	237.650	123.480	142.250	190.720	102.000	102.000	185.000
	第二类费用小计	元	-	204.960	254.080	302.000	204.960	220.910	262.110	186.700	186.700	257.250

单位:台班

定额编号				JX301106	JX301107	JX301108	JX301109	JX301110	JX301111
项目		单位	单价(元)	地质钻机			潜水钻机		
				100 型	150 型	300 型	孔径(mm)		
							ϕ800	ϕ1250	ϕ1500
基价		**元**		**197.63**	**235.26**	**369.65**	**386.27**	**441.73**	**535.36**
第一类费用	折旧费	元	–	32.380	41.290	56.980	68.640	92.520	136.390
	大修理费	元	–	8.800	13.450	17.240	16.950	25.510	30.590
	经常修理费	元	–	71.800	95.870	121.630	45.610	68.630	82.290
	安拆及场外运输费	元	–	1.500	1.500	2.400	–	–	–
	第一类费用小计	元	–	114.480	152.110	198.250	131.200	186.660	249.270
第二类费用	人工	工日	40.00	1.250	1.250	2.500	2.500	2.500	2.500
	电	kW·h	0.85	39.000	39.000	84.000	182.440	182.440	218.930
	第二类费用小计	元	–	83.150	83.150	171.400	255.070	255.070	286.090

单位:台班

定额编号				JX301112	JX301113	JX301114	JX301115	JX301116	JX301118	JX301119
项目		单位	单价(元)	牙轮钻机				锚杆钻孔机	锚杆台车	三臂凿岩台车
				KY－250	KY－310	45R	60R	DHR80A	235H	H178
基价		元		**3589.15**	**3958.33**	**4076.11**	**5382.03**	**2439.64**	**3258.77**	**5903.43**
第一类费用	折旧费	元	－	687.360	720.620	825.030	1021.530	1250.880	1474.500	3138.090
	大修理费	元	－	405.000	455.630	455.630	607.500	215.410	492.950	1049.120
	经常修理费	元	－	1701.000	1913.630	2232.560	2976.750	430.810	1291.320	1292.320
	安拆及场外运输费	元	－	3.040	3.450	5.590	6.450	－	－	－
	第一类费用小计	元	－	2796.400	3093.330	3518.810	4612.230	1897.100	3258.770	5479.530
第二类费用	人工	工日	40.00	2.500	2.500	2.500	2.500	2.500	－	2.500
	柴油	kg	7.63	－	－	－	－	58.000	－	41.910
	电	kW·h	0.85	815.000	900.000	538.000	788.000	－	－	－
	风	m^3	0.17	－	－	－	－	－	－	25.000
	第二类费用小计	元	－	792.750	865.000	557.300	769.800	542.540	－	423.900

单位:台班

定额编号				JX301120	JX301121	JX301122	JX301123	JX301124	JX301125	JX301126	JX301127
项目		单位	单价（元）	履带式钻孔机	潜孔钻机					混凝土切缝机	
				孔径 ϕ400~700mm	KQ-80	KQ-130	KQ-200	KQ-250	CM351	电动	风冷汽油
基价		**元**		**1280.71**	**588.97**	**798.41**	**1402.04**	**1483.08**	**661.85**	**148.37**	**202.05**
第一类费用	折旧费	元	-	245.260	54.490	113.820	206.950	243.460	254.740	7.470	13.070
	大修理费	元	-	20.330	46.820	55.690	121.500	172.130	96.780	1.940	3.350
	经常修理费	元	-	70.130	98.320	116.940	255.150	361.460	197.620	71.820	95.070
	安拆及场外运输费	元	-	6.450	2.580	3.110	3.590	4.230	12.710	-	-
	第一类费用小计	元	-	342.170	202.210	289.560	587.190	781.280	561.850	81.230	111.490
第二类费用	人工	工日	40.00	2.500	2.500	2.500	2.500	2.500	2.500	1.250	1.250
	汽油	kg	6.50	-	-	-	-	-	-	-	6.240
	柴油	kg	7.63	37.600	-	-	-	-	-	-	-
	电	kW·h	0.85	649.000	26.000	481.000	841.000	708.000	-	20.160	-
	风	m^3	0.17	-	1604.000	-	-	-	-	-	-
	第二类费用小计	元	-	938.540	386.760	508.850	814.850	701.800	100.000	67.140	90.560

二、起重机械

单位:台班

定额编号				JX302001	JX302002	JX302003	JX302004
项目		单位	单价(元)	履带式电动起重机			
				3t	5t	40t	50t
基价		**元**		**167.08**	**193.42**	**1232.60**	**1299.24**
第一类费用	折旧费	元	-	61.360	63.670	678.450	693.070
	大修理费	元	-	6.230	8.580	31.540	31.540
	经常修理费	元	-	14.640	20.170	74.110	74.110
	第一类费用小计	元	-	82.230	92.420	784.100	798.720
第二类费用	人工	工日	40.00	1.250	1.250	2.500	2.500
	电	kW·h	0.85	41.000	60.000	410.000	471.200
	第二类费用小计	元	-	84.850	101.000	448.500	500.520

单位:台班

定额编号				JX302005	JX302006	JX302007	JX302008	JX302009	JX302010
项目		单位	单价(元)	履带式起重机					
				10t	15t	20t	25t	30t	40t
基价		**元**		**578.91**	**753.08**	**790.45**	**882.36**	**1113.50**	**1676.74**
第一类费用	折旧费	元	-	188.330	274.300	282.490	289.510	391.860	655.050
	大修理费	元	-	20.540	27.310	44.130	58.660	77.140	153.830
	经常修理费	元	-	79.290	105.400	81.210	107.930	141.940	283.050
	第一类费用小计	元	-	288.160	407.010	407.830	456.100	610.940	1091.930
第二类费用	人工	工日	40.00	2.500	2.500	2.500	2.500	2.500	2.500
	柴油	kg	7.63	25.000	32.250	37.040	42.760	52.760	63.540
	第二类费用小计	元	-	290.750	346.070	382.620	426.260	502.560	584.810

单位:台班

定额编号				JX302011	JX302012	JX302013	JX302014	JX302015	JX302016	JX302017	JX302018	JX302019
项目		单位	单价(元)	履带式起重机								
				50t	60t	70t	90t	100t	140t	150t	200t	300t
基价		元		**1914.10**	**2622.06**	**2873.09**	**4175.38**	**4714.70**	**6317.05**	**6475.24**	**8534.80**	**12889.69**
第一类费用	折旧费	元	–	697.160	850.980	962.110	2140.620	2544.180	3871.830	3906.920	5357.390	8769.510
	大修理费	元	–	156.570	179.810	190.630	213.140	238.790	290.170	302.500	382.890	640.060
	经常修理费	元	–	288.090	717.440	760.600	850.430	952.750	1157.760	1206.960	1527.740	1984.190
	第一类费用小计	元	–	1141.820	1748.230	1913.340	3204.190	3735.720	5319.760	5416.380	7268.020	11393.760
第二类费用	人工	工日	40.00	2.500	2.500	2.500	2.500	2.500	2.500	2.500	2.500	3.750
	柴油	kg	7.63	88.110	101.420	112.680	114.180	115.200	117.600	125.670	152.920	176.400
	第二类费用小计	元	–	772.280	873.830	959.750	971.190	978.980	997.290	1058.860	1266.780	1495.930

单位:台班

定额编号				JX302020	JX302021	JX302022	JX302023	JX302024	JX302025	JX302026
项目		单位	单价(元)	轮胎式起重机						
				10t	16t	20t	25t	40t	50t	60t
基价		元		**608.43**	**724.07**	**856.35**	**981.35**	**1439.33**	**1526.71**	**1913.41**
第一类费用	折旧费	元	–	134.720	203.680	282.680	328.810	426.310	480.430	735.250
	大修理费	元	–	28.470	32.230	35.360	72.870	166.870	169.060	202.870
	经常修理费	元	–	86.840	98.300	107.860	112.220	256.990	260.350	312.420
	第一类费用小计	元	–	250.030	334.210	425.900	513.900	850.170	909.840	1250.540
第二类费用	人工	工日	40.00	2.500	2.500	2.500	2.500	2.500	2.500	2.500
	柴油	kg	7.63	32.010	36.240	41.510	46.260	62.160	65.760	71.760
	其他费用	元	–	14.160	13.350	13.730	14.490	14.880	15.120	15.340
	第二类费用小计	元	–	358.400	389.860	430.450	467.450	589.160	616.870	662.870

单位:台班

定额编号				JX302027	JX302028	JX302029	JX302030	JX302031
项目		单位	单价（元）	汽车式起重机				
				5t	8t	10t	12t	16t
基价		元		**390.77**	**593.97**	**654.29**	**725.11**	**933.93**
第一类费用	折旧费	元	–	94.900	128.330	152.800	188.020	259.650
	大修理费	元	–	26.520	43.830	52.140	62.100	93.490
	经常修理费	元	–	54.890	90.730	107.930	128.540	193.520
	第一类费用小计	元	–	176.310	262.890	312.870	378.660	546.660
第二类费用	人工	工日	40.00	1.250	2.500	2.500	2.500	2.500
	汽油	kg	6.50	23.300	–	–	–	–
	柴油	kg	7.63	–	28.430	29.770	30.550	35.850
	其他费用	元	–	13.010	14.160	14.270	13.350	13.730
	第二类费用小计	元	–	214.460	331.080	341.420	346.450	387.270

单位:台班

定额编号				JX302032	JX302033	JX302034	JX302035	JX302036
项目		单位	单价(元)	汽车式起重机				
				20t	25t	30t	40t	50t
基价		**元**		**1204.64**	**1292.14**	**1376.96**	**2204.26**	**3516.10**
第一类费用	折旧费	元	-	307.990	327.090	355.150	544.360	1402.680
	大修理费	元	-	159.410	175.450	185.290	381.680	520.830
	经常修理费	元	-	329.980	363.190	383.550	790.070	1078.120
	第一类费用小计	元	-	797.380	865.730	923.990	1716.110	3001.630
第二类费用	人工	工日	40.00	2.500	2.500	2.500	2.500	2.500
	柴油	kg	7.63	38.410	40.730	44.000	48.520	51.920
	其他费用	元	-	14.190	15.640	17.250	17.940	18.320
	第二类费用小计	元	-	407.260	426.410	452.970	488.150	514.470

单位:台班

定额编号				JX302037	JX302038	JX302039	JX302040	JX302041	JX302042
项目		单位	单价（元）	汽车式起重机					
				60t	70t	75t	80t	90t	100t
基价		元		**3999.46**	**4661.32**	**4870.84**	**5152.07**	**5481.60**	**5954.25**
第一类费用	折旧费	元	–	1707.090	2238.320	2324.870	2477.080	2587.500	2835.210
	大修理费	元	–	567.860	602.040	635.250	672.640	736.210	795.520
	经常修理费	元	–	1175.470	1246.230	1314.970	1392.360	1523.960	1646.730
	第一类费用小计	元	–	3450.420	4086.590	4275.090	4542.080	4847.670	5277.460
第二类费用	人工	工日	40.00	2.500	2.500	2.500	2.500	2.500	2.500
	柴油	kg	7.63	56.420	59.760	62.490	64.340	67.460	73.060
	其他费用	元	–	18.560	18.760	18.950	19.080	19.210	19.340
	第二类费用小计	元	–	549.040	574.730	595.750	609.990	633.930	676.790

单位:台班

定额编号				JX302043	JX302044	JX302045	JX302046
项目		单位	单价(元)	汽车式起重机			
				110t	120t	125t	150t
基价		**元**		**7106.22**	**8143.93**	**8663.24**	**10578.97**
第一类费用	折旧费	元	-	3730.540	4584.090	4847.910	5947.550
	大修理费	元	-	872.740	923.740	1001.100	1217.810
	经常修理费	元	-	1806.560	1912.150	2072.280	2520.860
	第一类费用小计	元	-	6409.840	7419.980	7921.290	9686.220
第二类费用	人工	工日	40.00	2.500	2.500	2.500	2.500
	柴油	kg	7.63	75.470	79.040	81.400	101.000
	其他费用	元	-	20.540	20.870	20.870	22.120
	第二类费用小计	元	-	696.380	723.950	741.950	892.750

单位:台班

定额编号				JX302047	JX302048	JX302049	JX302050	JX302051	JX302052	JX302053	JX302054	JX302055
项目		单位	单价(元)	塔式起重机								
				2t	6t	8t	15t	25t	40t	60t	80t	125t
基价		**元**		**238.79**	**484.35**	**529.84**	**825.45**	**1396.42**	**1767.23**	**2553.72**	**2840.70**	**4348.01**
第一类费用	折旧费	元	-	65.270	207.680	233.000	340.010	800.270	892.050	1455.760	1538.840	2395.290
	大修理费	元	-	7.590	26.310	27.840	59.890	69.350	107.360	127.610	144.180	220.190
	经常修理费	元	-	29.890	103.650	109.690	235.950	273.250	422.980	502.800	568.080	867.530
	第一类费用小计	元	-	102.750	337.640	370.530	635.850	1142.870	1422.390	2086.170	2251.100	3483.010
第二类费用	人工	工日	40.00	2.500	2.500	2.500	2.500	2.500	2.500	2.500	2.500	2.500
	电	kW·h	0.85	42.400	54.950	69.780	105.410	180.650	288.050	432.410	576.000	900.000
	第二类费用小计	元	-	136.040	146.710	159.310	189.600	253.550	344.840	467.550	589.600	865.000

单位:台班

定额编号				JX302056	JX302057	JX302058	JX302059	JX302060	JX302061
项目		单位	单价(元)	自升式塔式起重机					
				起重力矩(t·m)					
				100以内	125以内	145以内	200以内	300以内	450以内
基价		元		**714.43**	**773.30**	**887.31**	**1037.12**	**1339.55**	**1602.18**
第一类费用	折旧费	元	-	325.170	330.320	390.050	443.060	627.010	865.840
	大修理费	元	-	46.690	59.700	73.790	94.540	116.540	120.380
	经常修理费	元	-	98.050	125.370	154.960	198.520	244.740	252.800
	第一类费用小计	元	-	469.910	515.390	618.800	736.120	988.290	1239.020
第二类费用	人工	工日	40.00	2.500	2.500	2.500	2.500	2.500	2.500
	电	kW·h	0.85	170.020	185.780	198.250	236.470	295.600	309.600
	第二类费用小计	元	-	244.520	257.910	268.510	301.000	351.260	363.160

单位:台班

定额编号				JX302062	JX302063	JX302064	JX302065
项目		单位	单价（元）	电动双梁桥式起重机			吊装机械（综合）
				5t	10t	15t	
基价		元		**181.76**	**269.16**	**305.30**	**883.50**
第一类费用	折旧费	元	–	59.690	110.430	127.000	–
	大修理费	元	–	12.890	21.480	24.710	–
	经常修理费	元	–	27.980	46.620	53.620	–
	第一类费用小计	元	–	100.560	178.530	205.330	–
第二类费用	人工	工日	40.00	1.250	1.250	1.250	–
	电	kW·h	0.85	36.700	47.800	58.790	–
	第二类费用小计	元	–	81.200	90.630	99.970	–

三、水平运输机械

单位：台班

定额编号				JX303001	JX303002	JX303003	JX303004	JX303005
项目		单位	单价（元）	自卸汽车				
				2t	4t	6t	8t	10t
基价		元		**259.02**	**400.84**	**543.44**	**631.96**	**722.03**
第一类费用	折旧费	元	–	50.200	69.750	105.740	128.840	182.150
	大修理费	元	–	6.020	11.600	17.480	28.770	32.990
	经常修理费	元	–	26.710	51.520	77.590	96.080	110.190
	第一类费用小计	元	–	82.930	132.870	200.810	253.690	325.330
第二类费用	人工	工日	40.00	1.250	1.250	1.250	1.250	1.250
	汽油	kg	6.50	17.270	31.340	–	–	–
	柴油	kg	7.63	–	–	36.260	40.930	43.190
	其他费用	元	–	13.830	14.260	15.970	15.970	17.160
	第二类费用小计	元	–	176.090	267.970	342.630	378.270	396.700

单位:台班

定额编号				JX303006	JX303007	JX303008	JX303009	JX303010
项目		单位	单价(元)	自卸汽车				
				12t	15t	20t	25t	27t
基价		**元**		**761.33**	**996.27**	**1181.61**	**1586.51**	**2222.25**
第一类费用	折旧费	元	-	191.480	333.210	401.630	577.950	1072.890
	大修理费	元	-	33.350	43.590	57.130	62.850	65.990
	经常修理费	元	-	111.380	145.590	190.830	209.910	220.410
	第一类费用小计	元	-	336.210	522.390	649.590	850.710	1359.290
第二类费用	人工	工日	40.00	1.250	1.250	1.250	2.500	2.500
	柴油	kg	7.63	46.590	52.930	60.400	80.000	96.000
	其他费用	元	-	19.640	20.020	21.170	25.400	30.480
	第二类费用小计	元	-	425.120	473.880	532.020	735.800	862.960

单位:台班

定额编号				JX303011	JX303012	JX303013	JX303014	JX303015
项目		单位	单价(元)	自卸汽车				
				30t	32t	40t	45t	50t
基价		**元**		**2603.59**	**2732.25**	**3450.94**	**3620.04**	**4799.36**
第一类费用	折旧费	元	-	1403.290	1479.080	1898.520	1979.470	2884.580
	大修理费	元	-	69.290	72.750	76.390	80.210	84.220
	经常修理费	元	-	231.430	243.000	255.150	267.910	281.300
	第一类费用小计	元	-	1704.010	1794.830	2230.060	2327.590	3250.100
第二类费用	人工	工日	40.00	2.500	2.500	2.500	2.500	2.500
	柴油	kg	7.63	100.000	104.000	140.000	148.000	180.000
	其他费用	元	-	36.580	43.900	52.680	63.210	75.860
	第二类费用小计	元	-	899.580	937.420	1220.880	1292.450	1549.260

单位:台班

定额编号				JX303016	JX303017	JX303018	JX303019	JX303020
项目		单位	单价(元)	自卸汽车				
				65t	68t	77t	100t	108t
基价		**元**		**5099.07**	**5396.74**	**5927.11**	**6331.70**	**6770.05**
第一类费用	折旧费	元	–	3112.690	3296.660	3708.740	3014.890	3225.930
	大修理费	元	–	88.430	92.860	97.500	142.380	152.340
	经常修理费	元	–	295.370	310.140	325.640	475.540	508.830
	第一类费用小计	元	–	3496.490	3699.660	4131.880	3632.810	3887.100
第二类费用	人工	工日	40.00	2.500	2.500	2.500	2.500	2.500
	柴油	kg	7.63	185.000	195.000	205.000	320.000	340.000
	其他费用	元	–	91.030	109.230	131.080	157.290	188.750
	第二类费用小计	元	–	1602.580	1697.080	1795.230	2698.890	2882.950

单位:台班

定额编号				JX303021	JX303022	JX303023	JX303024	JX303025	JX303026	JX303027	JX303028
项目		单位	单价（元）	载重汽车							
				4t	5t	6t	8t	10t	12t	15t	20t
基价		**元**		**327.78**	**420.46**	**440.02**	**538.27**	**694.26**	**791.98**	**923.94**	**1058.43**
第一类费用	折旧费	元	-	40.130	45.910	55.170	88.740	143.140	170.530	201.400	259.240
	大修理费	元	-	8.630	9.640	10.970	22.720	26.050	30.030	34.330	40.160
	经常修理费	元	-	48.420	54.090	61.540	89.290	102.370	118.000	134.900	157.820
	第一类费用小计	元	-	97.180	109.640	127.680	200.750	271.560	318.560	370.630	457.220
第二类费用	人工	工日	40.00	1.250	1.250	1.250	1.250	2.500	2.500	2.500	2.500
	汽油	kg	6.50	25.480	-	-	-	-	-	-	-
	柴油	kg	7.63	-	32.190	32.190	35.490	40.030	46.270	56.740	62.560
	其他费用	元	-	14.980	15.210	16.730	16.730	17.270	20.380	20.380	23.880
	第二类费用小计	元	-	230.600	310.820	312.340	337.520	422.700	473.420	553.310	601.210

单位:台班

<table>
<tr><td colspan="3">定额编号</td><td>JX303029</td><td>JX303030</td><td>JX303031</td><td>JX303032</td><td>JX303033</td><td>JX303034</td><td>JX303035</td><td>JX303036</td></tr>
<tr><td rowspan="3" colspan="2">项目</td><td rowspan="3">单位</td><td rowspan="3">单价(元)</td><td colspan="2">洒水车</td><td colspan="2">油罐车</td><td colspan="2">机动翻斗车</td><td colspan="2">轨道平车</td></tr>
<tr><td colspan="4">罐容量</td><td rowspan="2">1t</td><td rowspan="2">1.5t</td><td rowspan="2">5t</td><td rowspan="2">10t</td></tr>
<tr><td>4000L</td><td>8000L</td><td>5000L</td><td>8000L</td></tr>
<tr><td colspan="2">基价</td><td>元</td><td></td><td>417.24</td><td>556.72</td><td>421.76</td><td>557.34</td><td>147.68</td><td>187.72</td><td>20.14</td><td>64.35</td></tr>
<tr><td rowspan="4">第一类费用</td><td>折旧费</td><td>元</td><td>–</td><td>73.310</td><td>99.160</td><td>77.940</td><td>104.170</td><td>17.870</td><td>25.450</td><td>12.110</td><td>53.650</td></tr>
<tr><td>大修理费</td><td>元</td><td>–</td><td>13.770</td><td>24.370</td><td>11.220</td><td>19.440</td><td>5.090</td><td>5.870</td><td>2.590</td><td>3.450</td></tr>
<tr><td>经常修理费</td><td>元</td><td>–</td><td>59.070</td><td>104.530</td><td>57.090</td><td>98.970</td><td>20.000</td><td>23.060</td><td>5.440</td><td>7.250</td></tr>
<tr><td>第一类费用小计</td><td>元</td><td>–</td><td>146.150</td><td>228.060</td><td>146.250</td><td>222.580</td><td>42.960</td><td>54.380</td><td>20.140</td><td>64.350</td></tr>
<tr><td rowspan="5">第二类费用</td><td>人工</td><td>工日</td><td>40.00</td><td>1.250</td><td>1.250</td><td>1.250</td><td>1.250</td><td>1.250</td><td>1.250</td><td>–</td><td>–</td></tr>
<tr><td>汽油</td><td>kg</td><td>6.50</td><td>29.960</td><td>–</td><td>30.640</td><td>–</td><td>–</td><td>–</td><td>–</td><td>–</td></tr>
<tr><td>柴油</td><td>kg</td><td>7.63</td><td>–</td><td>33.000</td><td>–</td><td>33.800</td><td>6.030</td><td>9.770</td><td>–</td><td>–</td></tr>
<tr><td>其他费用</td><td>元</td><td>–</td><td>26.350</td><td>26.870</td><td>26.350</td><td>26.870</td><td>8.710</td><td>8.790</td><td>–</td><td>–</td></tr>
<tr><td>第二类费用小计</td><td>元</td><td>–</td><td>271.090</td><td>328.660</td><td>275.510</td><td>334.760</td><td>104.720</td><td>133.340</td><td>–</td><td>–</td></tr>
</table>

单位:台班

定额编号				JX303037	JX303038	JX303039	JX303040	JX303041	JX303042
项目		单位	单价（元）	平板拖车组					
				8t	10t	15t	20t	25t	30t
基价		元		**534.33**	**604.64**	**779.47**	**991.31**	**1119.70**	**1232.73**
第一类费用	折旧费	元	–	96.440	114.810	184.700	299.510	349.420	409.320
	大修理费	元	–	23.150	27.040	33.840	40.720	49.350	54.260
	经常修理费	元	–	109.520	127.900	160.080	192.590	233.420	256.650
	第一类费用小计	元	–	229.110	269.750	378.620	532.820	632.190	720.230
第二类费用	人工	工日	40.00	2.500	2.500	2.500	2.500	2.500	2.500
	汽油	kg	6.50	30.050	34.500	44.590	–	–	–
	柴油	kg	7.63	–	–	–	45.390	49.130	52.370
	其他费用	元	–	9.890	10.640	11.010	12.160	12.650	12.920
	第二类费用小计	元	–	305.220	334.890	400.850	458.490	487.510	512.500

单位:台班

定额编号				JX303043	JX303044	JX303045	JX303046	JX303047	JX303048
项目		单位	单价(元)	平板拖车组					
				40t	50t	60t	80t	100t	150t
基价		**元**		**1481.84**	**1571.35**	**1684.47**	**2358.41**	**2823.84**	**3996.60**
第一类费用	折旧费	元	–	551.090	584.040	628.960	1098.190	1247.940	1777.070
	大修理费	元	–	66.200	69.270	71.410	87.230	88.650	116.260
	经常修理费	元	–	313.130	327.630	337.760	412.590	562.950	738.260
	第一类费用小计	元	–	930.420	980.940	1038.130	1598.010	1899.540	2631.590
第二类费用	人工	工日	40.00	2.500	2.500	2.500	2.500	2.500	2.500
	柴油	kg	7.63	57.370	62.380	69.660	84.520	105.900	163.500
	其他费用	元	–	13.690	14.450	14.830	15.510	16.280	17.500
	第二类费用小计	元	–	551.420	590.410	646.340	760.400	924.300	1365.010

单位:台班

定额编号				JX303049	JX303050	JX303051	JX303052	JX303053	JX303054
项目		单位	单价(元)	矿车					
				$0.75m^3$	$1m^3$	$6m^3$	$11m^3$	$27m^3$	$44m^3$
基价		**元**		**5.87**	**8.80**	**43.01**	**110.92**	**141.71**	**160.63**
第一类费用	折旧费	元	–	4.930	7.210	36.070	93.030	110.140	124.840
	大修理费	元	–	0.420	0.710	2.620	6.750	11.080	12.560
	经常修理费	元	–	0.520	0.880	4.320	11.140	20.490	23.230
	第一类费用小计	元	–	5.870	8.800	43.010	110.920	141.710	160.630

单位:台班

定额编号				JX303055	JX303056	JX303057	JX303058	JX303059	JX303060
项目		单位	单价（元）	准轨电机车					
				80t		100t		150t	
				重上	重下	重上	重下	重上	重下
基价		**元**		**2677.24**	**2400.14**	**3840.82**	**3380.12**	**4896.06**	**4289.16**
第一类费用	折旧费	元	–	597.980	597.980	910.360	910.360	1180.510	1180.510
	大修理费	元	–	152.380	152.380	206.860	206.860	266.670	266.670
	经常修理费	元	–	533.330	533.330	724.000	724.000	933.330	933.330
	第一类费用小计	元	–	1283.690	1283.690	1841.220	1841.220	2380.510	2380.510
第二类费用	人工	工日	40.00	3.750	3.750	3.750	3.750	3.750	3.750
	电	kW·h	0.85	1463.000	1137.000	2176.000	1634.000	2783.000	2069.000
	第二类费用小计	元	–	1393.550	1116.450	1999.600	1538.900	2515.550	1908.650

四、垂直运输机械

单位：台班

定额编号				JX304001	JX304002	JX304003	JX304004	JX304005	JX304006	JX304007	JX304008
项目		单位	单价（元）	卷扬机							
				单筒快速		单筒慢速					
				1t	2t	3t	5t	8t	10t	20t	30t
基价		**元**		**94.89**	**133.51**	**107.75**	**112.42**	**172.38**	**240.96**	**452.21**	**687.82**
第一类费用	折旧费	元	-	3.850	7.190	7.500	9.430	27.410	90.550	143.880	199.080
	大修理费	元	-	2.280	3.970	4.650	5.380	6.700	7.690	11.810	12.800
	经常修理费	元	-	6.090	10.610	12.420	14.350	30.020	34.470	70.500	76.440
	安拆及场外运输费	元	-	4.700	4.700	4.700	4.700	4.700	4.700	17.490	17.490
	第一类费用小计	元	-	16.920	26.470	29.270	33.860	68.830	137.410	243.680	305.810
第二类费用	人工	工日	40.00	1.250	1.250	1.250	1.250	1.250	1.250	1.250	1.250
	电	kW·h	0.85	32.900	67.100	33.500	33.600	63.000	63.000	186.500	390.600
	第二类费用小计	元	-	77.970	107.040	78.480	78.560	103.550	103.550	208.530	382.010

单位:台班

定额编号				JX304009	JX304010	JX304011	JX304012	JX304013	JX304014	JX304015	JX304016	JX304017	JX304018
项目		单位	单价(元)	卷扬机							电动葫芦		
				双筒快速			双筒慢速				2t	3t	5t
				1t	3t	5t	3t	5t	8t	10t			
基价		**元**		**146.97**	**178.19**	**208.77**	**124.72**	**145.63**	**204.93**	**266.85**	**37.27**	**45.14**	**63.28**
第一类费用	折旧费	元	–	10.670	21.890	26.980	21.400	25.740	33.610	87.140	10.620	16.390	20.610
	大修理费	元	–	2.430	4.750	5.450	4.930	5.720	6.730	7.720	2.460	2.950	4.270
	经常修理费	元	–	6.490	12.700	14.540	13.770	15.950	50.050	57.450	8.120	9.730	14.100
	安拆及场外运输费	元	–	4.700	4.700	4.700	4.700	4.700	4.700	4.700	–	–	–
	第一类费用小计	元	–	24.290	44.040	51.670	44.800	52.110	95.090	157.010	21.200	29.070	38.980
第二类费用	人工	工日	40.00	1.250	1.250	1.250	1.250	1.250	1.250	1.250	–	–	–
	电	kW · h	0.85	85.500	99.000	126.000	35.200	51.200	70.400	70.400	18.900	18.900	28.590
	第二类费用小计	元	–	122.680	134.150	157.100	79.920	93.520	109.840	109.840	16.070	16.070	24.300

五、混凝土机械

单位:台班

定额编号				JX305001	JX305002	JX305003	JX305004	JX305005
项目		单位	单价(元)	滚筒式混凝土搅拌机(电动)				
				出料容量				
				250L	400L	500L	600L	800L
基价		**元**		**101.31**	**117.90**	**131.87**	**150.36**	**178.89**
第一类费用	折旧费	元	-	16.370	29.400	37.060	45.220	56.970
	大修理费	元	-	3.340	4.170	4.870	5.140	5.910
	经常修理费	元	-	8.350	8.130	9.500	10.010	11.520
	安拆及场外运输费	元	-	5.480	5.480	5.480	5.480	5.480
	第一类费用小计	元	-	33.540	47.180	56.910	65.850	79.880
第二类费用	人工	工日	40.00	1.250	1.250	1.250	1.250	1.250
	电	kW·h	0.85	20.910	24.380	29.360	40.600	57.660
	第二类费用小计	元	-	67.770	70.720	74.960	84.510	99.010

单位:台班

定额编号				JX305006	JX305007	JX305008	JX305009	JX305010	JX305011
项目		单位	单价(元)	强制反转式混凝土搅拌机					
				出料容量					
				250L	400L	600L	800L	1000L	1500L
基价		**元**		**110.17**	**131.20**	**168.69**	**230.40**	**328.65**	**410.34**
第一类费用	折旧费	元	–	17.520	26.460	40.240	60.390	72.470	77.540
	大修理费	元	–	3.570	3.750	4.570	6.380	7.650	8.270
	经常修理费	元	–	6.970	7.310	8.910	12.440	14.920	16.120
	安拆及场外运输费	元	–	5.480	5.480	5.480	20.410	20.410	20.410
	第一类费用小计	元	–	33.540	43.000	59.200	99.620	115.450	122.340
第二类费用	人工	工日	40.00	1.250	1.250	1.250	1.250	1.250	1.250
	电	kW·h	0.85	31.330	44.940	69.990	95.030	192.000	280.000
	第二类费用小计	元	–	76.630	88.200	109.490	130.780	213.200	288.000

单位:台班

定额编号				JX305012	JX305013	JX305014	JX305015
项目		单位	单价（元）	双锥反转出料混凝土搅拌机			
				出料容量			
				200L	350L	500L	750L
基价		**元**		**98.06**	**123.78**	**149.81**	**193.79**
第一类费用	折旧费	元	-	11.010	17.490	31.330	46.140
	大修理费	元	-	3.230	3.800	6.120	8.920
	经常修理费	元	-	8.530	10.020	10.100	14.710
	安拆及场外运输费	元	-	5.480	5.480	5.480	5.480
	第一类费用小计	元	-	28.250	36.790	53.030	75.250
第二类费用	人工	工日	40.00	1.250	1.250	1.250	1.250
	电	kW·h	0.85	23.300	43.520	55.040	80.640
	第二类费用小计	元	-	69.810	86.990	96.780	118.540

单位:台班

定额编号				JX305016	JX305017	JX305018	JX305019	JX305020	JX305021	JX305022	JX305023	JX305024
项目		单位	单价(元)	单卧轴式混凝土搅拌机			双卧轴式混凝土搅拌机					
				出料容量								
				150L	250L	350L		400L	500L	800L	1000L	1500L
基价		**元**		**112.95**	**136.43**	**168.33**	**203.63**	**214.67**	**234.68**	**319.08**	**381.50**	**450.23**
第一类费用	折旧费	元	–	12.060	21.210	30.890	30.140	36.840	45.770	78.890	111.630	142.890
	大修理费	元	–	3.350	3.910	5.380	5.670	6.020	6.540	12.120	14.910	16.400
	经常修理费	元	–	13.550	15.790	21.750	26.860	28.550	30.980	57.430	70.660	77.730
	安拆及场外运输费	元	–	5.480	5.480	5.480	5.480	5.480	5.480	5.480	5.480	5.480
	第一类费用小计	元	–	34.440	46.390	63.500	68.150	76.890	88.770	153.920	202.680	242.500
第二类费用	人工	工日	40.00	1.250	1.250	1.250	1.250	1.250	1.250	1.250	1.250	1.250
	电	kW·h	0.85	33.540	47.100	64.510	100.560	103.270	112.840	135.480	151.550	185.560
	第二类费用小计	元	–	78.510	90.040	104.830	135.480	137.780	145.910	165.160	178.820	207.730

单位:台班

定额编号				JX305025	JX305026	JX305027	JX305028	JX305029	JX305030	JX305031
项目		单位	单价(元)	灰浆搅拌机		偏心振动筛	筛洗石机	混凝土振捣器		
				出料容量		10~16m^3/h	滚筒式	插入式	附着式	平板式
				200L	400L		8~10m^3/h			
基价		**元**		**69.99**	**80.15**	**89.36**	**91.71**	**13.89**	**15.78**	**16.73**
第一类费用	折旧费	元	–	3.160	5.150	6.850	13.150	2.320	2.150	2.150
	大修理费	元	–	0.810	1.330	2.280	2.930	–	–	–
	经常修理费	元	–	3.220	5.300	5.920	7.400	5.180	7.240	8.190
	安拆及场外运输费	元	–	5.480	5.480	–	5.480	2.990	2.990	2.990
	第一类费用小计	元	–	12.670	17.260	15.050	28.960	10.490	12.380	13.330
第二类费用	人工	工日	40.00	1.250	1.250	1.250	1.250	–	–	–
	电	kW·h	0.85	8.610	15.170	28.600	15.000	4.000	4.000	4.000
	第二类费用小计	元	–	57.320	62.890	74.310	62.750	3.400	3.400	3.400

单位:台班

定额编号				JX305032	JX305033	JX305034	JX305035	JX305036	JX305037
项目		单位	单价(元)	混凝土输送泵					
				排出量					
				$10m^3/h$	$20m^3/h$	$30m^3/h$	$45m^3/h$	$60m^3/h$	$80m^3/h$
基价		**元**		**395.31**	**585.57**	**737.83**	**1004.77**	**1516.93**	**1989.27**
第一类费用	折旧费	元	–	163.600	229.040	273.930	454.590	684.830	850.140
	大修理费	元	–	24.290	41.610	65.860	115.010	195.860	281.740
	经常修理费	元	–	56.600	96.950	153.460	159.860	272.240	391.620
	安拆及场外运输费	元	–	18.370	18.370	18.370	18.370	18.370	18.370
	第一类费用小计	元	–	262.860	385.970	511.620	747.830	1171.300	1541.870
第二类费用	人工	工日	40.00	1.250	1.250	1.250	1.250	1.250	1.250
	电	kW·h	0.85	97.000	176.000	207.300	243.460	347.800	467.530
	第二类费用小计	元	–	132.450	199.600	226.210	256.940	345.630	447.400

单位：台班

定额编号				JX305038	JX305039	JX305040	JX305041	JX305042	JX305043
项目		单位	单价(元)	混凝土搅拌站					混凝土喷射机
				生产能力					$5m^3/h$
				$15m^3/h$	$25m^3/h$	$45m^3/h$	$50m^3/h$	$60m^3/h$	
基价		**元**		**934.26**	**1136.13**	**1411.18**	**1570.74**	**2880.04**	**182.00**
第一类费用	折旧费	元	–	199.270	266.950	394.790	447.420	1496.430	37.980
	大修理费	元	–	31.660	52.120	92.400	117.050	142.820	5.130
	经常修理费	元	–	84.210	138.630	147.830	187.280	228.510	20.870
	安拆及场外运输费	元	–	–	–	–	–	–	4.930
	第一类费用小计	元	–	315.140	457.700	635.020	751.750	1867.760	68.910
第二类费用	人工	工日	40.00	11.250	11.250	11.250	11.250	11.250	2.500
	电	kW·h	0.85	198.970	268.740	383.720	434.110	661.500	15.400
	第二类费用小计	元	–	619.120	678.430	776.160	818.990	1012.280	113.090

单位:台班

定额编号				JX305044	JX305045	JX305046	JX305047	JX305048
项目		单位	单价(元)	混凝土搅拌运输车				
				容量(m^3)				
				3	4	5	6	7
基价		**元**		**876.05**	**1050.97**	**1234.23**	**1457.62**	**1713.88**
第一类费用	折旧费	元	-	248.180	306.820	375.660	437.710	587.290
	大修理费	元	-	66.990	79.320	91.080	103.230	116.530
	经常修理费	元	-	276.000	326.800	375.260	425.300	480.110
	第一类费用小计	元	-	591.170	712.940	842.000	966.240	1183.930
第二类费用	人工	工日	40.00	1.250	1.250	1.250	1.250	1.250
	柴油	kg	7.63	29.040	35.570	42.060	55.000	60.000
	其他费用	元	-	13.300	16.630	21.310	21.730	22.150
	第二类费用小计	元	-	284.880	338.030	392.230	491.380	529.950

六、加工机械

单位：台班

定额编号				JX306001	JX306002	JX306003	JX306004	JX306005	JX306006
项目		单位	单价（元）	普通车床					
				工件直径×工件长度(mm×mm)					
				ϕ400×1000	ϕ400×2000	ϕ630×1400	ϕ630×2000	ϕ650×2000	ϕ1000×5000
基价		**元**		**105.73**	**126.75**	**140.39**	**154.06**	**189.84**	**246.73**
第一类费用	折旧费	元	–	27.800	33.230	42.190	47.670	53.100	97.140
	大修理费	元	–	8.050	11.790	12.660	15.000	17.500	23.770
	经常修理费	元	–	8.450	12.380	13.290	15.750	18.380	24.960
	第一类费用小计	元	–	44.300	57.400	68.140	78.420	88.980	145.870
第二类费用	人工	工日	40.00	1.250	1.250	1.250	1.250	1.250	1.250
	电	kW·h	0.85	13.450	22.770	26.180	30.170	59.840	59.840
	第二类费用小计	元	–	61.430	69.350	72.250	75.640	100.860	100.860

单位:台班

定额编号				JX306007	JX306008	JX306009	JX306010	JX306011	JX306012	JX306013	JX306014
项目		单位	单价(元)	立式钻床			摇臂钻床			台式钻床	联合冲剪机
				钻孔直径(mm)							板厚(mm)
				$\phi25$	$\phi35$	$\phi50$	$\phi25$	$\phi50$	$\phi63$	$\phi16$	16
基价		元		**77.86**	**89.89**	**101.16**	**81.94**	**103.81**	**120.62**	**59.30**	**150.36**
第一类费用	折旧费	元	–	11.610	17.470	28.070	14.440	28.590	36.490	1.440	68.030
	大修理费	元	–	5.640	7.310	7.660	8.730	10.860	12.660	0.950	11.260
	经常修理费	元	–	5.130	6.650	6.970	4.800	5.970	6.960	1.770	10.020
	安拆及场外运输费	元	–	–	–	–	–	–	–	1.760	–
	第一类费用小计	元	–	22.380	31.430	42.700	27.970	45.420	56.110	5.920	89.310
第二类费用	人工	工日	40.00	1.250	1.250	1.250	1.250	1.250	1.250	1.250	1.250
	电	kW·h	0.85	6.450	9.950	9.950	4.670	9.870	17.070	3.980	13.000
	第二类费用小计	元	–	55.480	58.460	58.460	53.970	58.390	64.510	53.380	61.050

单位：台班

定额编号				JX306015	JX306016	JX306017	JX306018	JX306019	JX306020	JX306021
项目		单位	单价（元）	剪板机						
				厚度×宽度（mm×mm）						
				6.3×2000	13×3000	20×2000	20×2500	20×4000	32×4000	40×3100
基价		元		**138.28**	**191.07**	**229.87**	**255.52**	**397.74**	**563.87**	**691.43**
第一类费用	折旧费	元	–	49.970	80.580	121.880	132.280	236.830	367.380	503.110
	大修理费	元	–	9.130	11.030	13.870	16.000	20.600	24.410	32.180
	经常修理费	元	–	4.840	5.850	7.350	8.480	10.920	12.940	17.060
	第一类费用小计	元	–	63.940	97.460	143.100	156.760	268.350	404.730	552.350
第二类费用	人工	工日	40.00	1.250	1.250	1.250	1.250	1.250	1.250	1.250
	电	kW·h	0.85	28.640	51.300	43.260	57.370	93.400	128.400	104.800
	第二类费用小计	元	–	74.340	93.610	86.770	98.760	129.390	159.140	139.080

单位:台班

定额编号				JX306022	JX306023	JX306024	JX306025
项目		单位	单价(元)	卷板机			
				厚度×宽度(mm×mm)			
				2×1600	20×2000	30×3000	40×3500
基价		**元**		**104.62**	**188.90**	**446.16**	**1072.98**
第一类费用	折旧费	元	-	18.550	64.890	283.450	753.950
	大修理费	元	-	6.640	11.030	29.100	37.460
	经常修理费	元	-	5.120	8.490	22.410	28.840
	第一类费用小计	元	-	30.310	84.410	334.960	820.250
第二类费用	人工	工日	40.00	1.250	1.250	1.250	1.250
	电	kW·h	0.85	28.600	64.100	72.000	238.500
	第二类费用小计	元	-	74.310	104.490	111.200	252.730

单位:台班

定额编号				JX306026	JX306027	JX306028	JX306029	JX306030
项目		单位	单价(元)	电动煨弯机	钢筋调直机	钢筋切断机	钢筋弯曲机	钢筋墩头机
				弯曲直径(mm)	直径(mm)			
				ϕ500~180	ϕ14	ϕ40		ϕ5
基价		**元**		**132.07**	**40.33**	**47.66**	**24.26**	**52.79**
第一类费用	折旧费	元	-	89.450	18.890	9.380	6.490	9.380
	大修理费	元	-	7.690	2.330	1.620	1.170	1.440
	经常修理费	元	-	5.300	6.000	6.380	5.720	5.870
	安拆及场外运输费	元	-	2.340	2.990	2.990	-	-
	第一类费用小计	元	-	104.780	30.210	20.370	13.380	16.690
第二类费用	电	kW·h	0.85	32.100	11.900	32.100	12.800	42.470
	第二类费用小计	元	-	27.290	10.120	27.290	10.880	36.100

单位:台班

定额编号				JX306031	JX306032	JX306033	JX306034	JX306035	JX306036	JX306037	JX306038	JX306039	JX306040
项目		单位	单价(元)	磨床 M131W	手提式砂轮机	台式砂轮机	手提式圆锯机	木工圆锯机		木工平刨床		木工压刨床	
					砂轮直径(mm)			直 径(mm)		刨削宽度(mm)		刨削宽度(mm)	
					ϕ150	ϕ250		ϕ500	ϕ1000	300	450	单面	双面
												600	
基价		**元**		**156.68**	**14.46**	**17.09**	**21.74**	**31.97**	**76.72**	**13.99**	**20.10**	**37.59**	**59.25**
第一类费用	折旧费	元	–	38.430	2.120	2.920	7.020	7.110	8.460	3.390	5.280	5.850	13.220
	大修理费	元	–	18.430	–	–	1.540	0.990	1.350	0.680	0.790	2.000	2.320
	经常修理费	元	–	13.270	6.150	7.680	4.560	1.480	2.020	2.610	3.060	5.430	6.310
	安拆及场外运输费	元	–	–	2.490	2.490	1.990	1.990	1.990	–	–	–	–
	第一类费用小计	元	–	70.130	10.760	13.090	15.110	11.570	13.820	6.680	9.130	13.280	21.850
第二类费用	人工	工日	40.00	1.250	–	–	–	–	–	–	–	–	–
	电	kW·h	0.85	43.000	4.350	4.700	7.800	24.000	74.000	8.600	12.900	28.600	44.000
	第二类费用小计	元	–	86.550	3.700	4.000	6.630	20.400	62.900	7.310	10.970	24.310	37.400

单位:台班

定额编号				JX306041	JX306042	JX306043	JX306044	JX306045	JX306046	JX306047
项目		单位	单价(元)	预应力钢筋拉伸机						
				拉伸力						
				60t	65t	85t	90t	120t	300t	500t
基价		元		**34.17**	**37.31**	**49.74**	**55.72**	**74.79**	**125.49**	**269.33**
第一类费用	折旧费	元	–	13.410	14.330	17.580	19.800	26.960	41.050	119.170
	大修理费	元	–	1.680	1.790	2.140	2.400	3.170	4.660	12.050
	经常修理费	元	–	6.100	6.530	7.800	8.730	11.530	16.960	43.870
	第一类费用小计	元	–	21.190	22.650	27.520	30.930	41.660	62.670	175.090
第二类费用	电	kW·h	0.85	15.270	17.250	26.140	29.160	38.980	73.910	110.870
	第二类费用小计	元	–	12.980	14.660	22.220	24.790	33.130	62.820	94.240

单位:台班

定额编号				JX306048	JX306049	JX306050	JX306051	JX306052
项目		单位	单价(元)	预应力拉伸机				
				YCW-100	YCW-150	YCW-250	YCW-400	YCW-650
基价		**元**		**60.38**	**79.64**	**83.61**	**171.41**	**361.65**
第一类费用	折旧费	元	-	23.710	31.620	33.200	68.060	143.600
	大修理费	元	-	2.560	3.210	3.370	6.910	14.580
	经常修理费	元	-	9.320	11.680	12.260	25.140	53.040
	第一类费用小计	元	-	35.590	46.510	48.830	100.110	211.220
第二类费用	电	kW·h	0.85	29.160	38.980	40.920	83.880	176.980
	第二类费用小计	元	-	24.790	33.130	34.780	71.300	150.430

七、焊接机械

单位:台班

定额编号				JX307001	JX307002	JX307003	JX307004	JX307005	JX307006	JX307007	JX307008	JX307009	JX307010
项目		单位	单价(元)	交流电焊机							直流电焊机		
				21kV·A	30kV·A	32kV·A	40kV·A	42kV·A	50kV·A	80kV·A	10kW	20kW	30kW
基价		**元**		**115.73**	**140.46**	**148.80**	**183.09**	**188.76**	**201.61**	**254.44**	**98.22**	**133.54**	**151.99**
第一类费用	折旧费	元	–	3.400	4.320	4.510	4.600	4.830	5.340	5.430	5.900	7.640	8.550
	大修理费	元	–	1.050	1.260	1.310	1.400	1.480	1.550	1.860	1.000	1.640	2.060
	经常修理费	元	–	3.480	4.190	4.360	4.660	4.920	5.170	6.210	3.980	6.100	7.630
	安拆及场外运输费	元	–	6.570	6.570	6.570	6.570	6.570	6.570	6.570	6.570	6.570	6.570
	第一类费用小计	元	–	14.500	16.340	16.750	17.230	17.800	18.630	20.070	17.450	21.950	24.810
第二类费用	人工	工日	40.00	1.250	1.250	1.250	1.250	1.250	1.250	1.250	1.250	1.250	1.250
	电	kW·h	0.85	60.270	87.200	96.530	136.300	142.300	156.450	216.900	36.200	72.460	90.800
	第二类费用小计	元	–	101.230	124.120	132.050	165.860	170.960	182.980	234.370	80.770	111.590	127.180

单位:台班

<table>
<tr><td colspan="3">定 额 编 号</td><td>JX307011</td><td>JX307012</td><td>JX307013</td><td>JX307014</td><td>JX307015</td><td>JX307016</td></tr>
<tr><td rowspan="2" colspan="2">项 目</td><td rowspan="2">单位</td><td rowspan="2">单价(元)</td><td colspan="2">点 焊 机</td><td>氩弧焊机</td><td colspan="3">对 焊 机</td></tr>
<tr><td>短臂 50kV・A</td><td>长臂 75kV・A</td><td>500A</td><td>10kV・A</td><td>25kV・A</td><td>75kV・A</td></tr>
<tr><td colspan="2">基 价</td><td>元</td><td></td><td>157.18</td><td>211.37</td><td>162.47</td><td>78.88</td><td>103.57</td><td>179.85</td></tr>
<tr><td rowspan="5">第一类费用</td><td>折旧费</td><td>元</td><td>–</td><td>5.340</td><td>12.780</td><td>18.580</td><td>4.000</td><td>5.200</td><td>8.990</td></tr>
<tr><td>大修理费</td><td>元</td><td>–</td><td>1.920</td><td>2.700</td><td>5.440</td><td>1.060</td><td>1.690</td><td>2.380</td></tr>
<tr><td>经常修理费</td><td>元</td><td>–</td><td>5.610</td><td>7.880</td><td>18.490</td><td>3.330</td><td>5.290</td><td>7.440</td></tr>
<tr><td>安拆及场外运输费</td><td>元</td><td>–</td><td>6.570</td><td>6.570</td><td>9.860</td><td>6.570</td><td>6.570</td><td>6.570</td></tr>
<tr><td>第一类费用小计</td><td>元</td><td>–</td><td>19.440</td><td>29.930</td><td>52.370</td><td>14.960</td><td>18.750</td><td>25.380</td></tr>
<tr><td rowspan="3">第二类费用</td><td>人工</td><td>工日</td><td>40.00</td><td>1.250</td><td>1.250</td><td>1.250</td><td>1.250</td><td>1.250</td><td>1.250</td></tr>
<tr><td>电</td><td>kW・h</td><td>0.85</td><td>103.220</td><td>154.630</td><td>70.700</td><td>16.380</td><td>40.960</td><td>122.900</td></tr>
<tr><td>第二类费用小计</td><td>元</td><td>–</td><td>137.740</td><td>181.440</td><td>110.100</td><td>63.920</td><td>84.820</td><td>154.470</td></tr>
</table>

单位:台班

定额编号				JX307017	JX307018	JX307019	JX307020	JX307021
项目		单位	单价(元)	半自动切割机	砂轮切割机			电焊机(综合)
				厚度	砂轮直径			
				100mm	350mm	400mm	500mm	
基价		**元**		**149.52**	**34.37**	**38.72**	**46.24**	**72.07**
第一类费用	折旧费	元	–	3.780	12.030	13.660	17.560	–
	大修理费	元	–	0.810	4.350	4.830	5.230	–
	经常修理费	元	–	5.060	7.930	8.980	10.110	–
	安拆及场外运输费	元	–	6.570	2.370	2.370	2.370	–
	第一类费用小计	元	–	16.220	26.680	29.840	35.270	–
第二类费用	人工	工日	40.00	1.250	–	–	–	–
	电	kW·h	0.85	98.000	9.050	10.450	12.900	–
	第二类费用小计	元	–	133.300	7.690	8.880	10.970	–

八、动力机械

单位:台班

定额编号				JX308001	JX308002	JX308003	JX308004	JX308005	JX308006	JX308007	JX308008	JX308009
项目		单位	单价（元）	柴油发电机								汽油发电机
				功率								
				30kW	50kW	60kW	100kW	120kW	160kW	200kW	320kW	10kW
基价		元		**480.69**	**726.66**	**756.46**	**1028.11**	**1428.72**	**1735.57**	**2158.49**	**3195.06**	**224.38**
第一类费用	折旧费	元	–	29.460	33.260	39.580	46.980	57.450	97.020	118.090	181.920	15.850
	大修理费	元	–	8.680	9.730	10.630	12.660	18.090	18.860	20.770	37.000	4.510
	经常修理费	元	–	10.940	21.990	34.650	41.270	58.980	61.490	67.720	101.000	21.570
	安拆及场外运输费	元	–	13.080	13.080	13.080	13.080	13.080	13.080	13.080	13.080	10.900
	第一类费用小计	元	–	62.160	78.060	97.940	113.990	147.600	190.450	219.660	333.000	52.830
第二类费用	人工	工日	40.00	1.250	2.500	2.500	2.500	2.500	2.500	2.500	2.500	1.250
	汽油	kg	6.50	–	–	–	–	–	–	–	–	18.700
	柴油	kg	7.63	48.300	71.900	73.200	106.700	154.800	189.400	241.000	362.000	–
	第二类费用小计	元	–	418.530	648.600	658.520	914.120	1281.120	1545.120	1938.830	2862.060	171.550

单位:台班

定额编号				JX308010	JX308011	JX308012	JX308013	JX308014	JX308015	JX308016	JX308017
项目		单位	单价(元)	电动空气压缩机							
				排气量(m^3/min以内)							
				0.3	0.6	1	3	6	10	20	40
基价		**元**		**82.15**	**93.47**	**110.95**	**199.64**	**305.00**	**478.10**	**780.05**	**1403.73**
第一类费用	折旧费	元	–	2.020	2.570	3.420	20.250	29.040	40.700	69.030	205.130
	大修理费	元	–	1.150	1.820	2.330	9.070	10.740	11.210	18.370	28.790
	经常修理费	元	–	5.480	8.700	11.130	19.130	22.660	23.660	38.770	47.500
	安拆及场外运输费	元	–	9.810	9.810	9.810	9.810	9.810	9.810	9.810	9.810
	第一类费用小计	元	–	18.460	22.900	26.690	58.260	72.250	85.380	135.980	291.230
第二类费用	人工	工日	40.00	1.250	1.250	1.250	1.250	1.250	1.250	1.250	1.250
	电	kW·h	0.85	16.100	24.200	40.300	107.500	215.000	403.200	698.900	1250.000
	第二类费用小计	元	–	63.690	70.570	84.260	141.380	232.750	392.720	644.070	1112.500

单位：台班

定额编号				JX308018	JX308019	JX308020	JX308021	JX308022	JX308023	JX308024
项目		单位	单价(元)	内燃空气压缩机						工业锅炉
				排气量(m^3/min以内)						蒸发量(t/h)
				3	6	9	12	17	40	1
基价		元		**340.69**	**454.00**	**587.50**	**716.74**	**1472.14**	**4435.26**	**905.87**
第一类费用	折旧费	元	-	24.880	42.720	56.330	60.240	66.420	183.960	115.660
	大修理费	元	-	14.040	17.420	18.150	23.140	36.690	63.800	18.630
	经常修理费	元	-	46.630	57.840	60.260	76.840	121.820	211.810	9.690
	安拆及场外运输费	元	-	9.810	9.810	9.810	9.810	18.370	18.370	54.330
	第一类费用小计	元	-	95.360	127.790	144.550	170.030	243.300	477.940	198.310
第二类费用	人工	工日	40.00	1.250	1.250	1.250	1.250	1.250	1.250	1.250
	柴油	kg	7.63	25.600	36.200	51.500	65.100	154.500	512.100	-
	煤	t	540.00	-	-	-	-	-	-	1.150
	水	m^3	4.00	-	-	-	-	-	-	7.300
	木柴	kg	0.46	-	-	-	-	-	-	16.000
	第二类费用小计	元	-	245.330	326.210	442.950	546.710	1228.840	3957.320	707.560

九、泵类机械

单位:台班

定额编号				JX309001	JX309002	JX309003	JX309004	JX309005	JX309006
项目		单位	单价(元)	电动单极离心清水泵				电动多极离心清水泵	
				出口直径(mm)				出口直径(mm)	
				ϕ50	ϕ100	ϕ150	ϕ200	ϕ100	ϕ150
								扬程(m)	
								120 以下	180 以下
基价		**元**		**80.36**	**114.80**	**155.97**	**176.97**	**237.95**	**642.31**
第一类费用	折旧费	元	-	2.330	7.550	9.700	13.240	10.490	29.520
	大修理费	元	-	1.760	3.100	5.820	6.700	6.040	11.840
	经常修理费	元	-	4.230	7.460	14.010	16.140	15.590	30.550
	安拆及场外运输费	元	-	2.490	2.490	2.490	2.490	2.490	2.490
	第一类费用小计	元	-	10.810	20.600	32.020	38.570	34.610	74.400
第二类费用	人工	工日	40.00	1.250	1.250	1.250	1.250	1.250	1.250
	电	kW·h	0.85	23.000	52.000	87.000	104.000	180.400	609.300
	第二类费用小计	元	-	69.550	94.200	123.950	138.400	203.340	567.910

单位：台班

定额编号				JX309007	JX309008	JX309009	JX309010	JX309011	JX309012	JX309013	JX309014	JX309015
项目		单位	单价（元）	污水泵				泥浆泵		潜水泵		
				出口直径（mm）								
				$\phi70$	$\phi100$	$\phi150$	$\phi200$	$\phi50$	$\phi100$	$\phi50$	$\phi100$	$\phi150$
基价		**元**		**138.43**	**173.81**	**263.51**	**372.06**	**98.78**	**305.62**	**64.53**	**82.22**	**113.26**
第一类费用	折旧费	元	–	4.740	9.000	10.620	44.000	4.740	30.320	1.450	3.210	9.570
	大修理费	元	–	1.170	1.430	2.020	3.430	1.600	5.520	0.400	0.900	1.430
	经常修理费	元	–	3.780	4.640	4.580	7.790	5.180	17.880	2.190	4.870	7.770
	安拆及场外运输费	元	–	2.490	2.490	2.490	2.490	2.490	2.490	1.990	1.990	1.990
	第一类费用小计	元	–	12.180	17.560	19.710	57.710	14.010	56.210	6.030	10.970	20.760
第二类费用	人工	工日	40.00	1.250	1.250	1.250	1.250	1.250	1.250	1.250	1.250	1.250
	电	kW·h	0.85	89.700	125.000	228.000	311.000	40.900	234.600	10.000	25.000	50.000
	第二类费用小计	元	–	126.250	156.250	243.800	314.350	84.770	249.410	58.500	71.250	92.500

单位:台班

定额编号				JX309016	JX309017	JX309018	JX309019	JX309020	JX309021	JX309022	JX309023
项目		单位	单价(元)	高压油泵		试压泵				真空泵	
				压力(MPa以内)		压力(MPa)				抽气速度(m^3/h)	
				50	80	25	30	60	80	204	660
基价		**元**		**182.47**	**260.60**	**74.93**	**76.35**	**83.72**	**87.92**	**120.52**	**187.96**
第一类费用	折旧费	元	–	6.350	13.690	5.370	5.540	6.060	6.350	11.100	15.380
	大修理费	元	–	2.420	3.020	1.130	1.360	2.710	3.460	3.400	4.800
	经常修理费	元	–	8.050	10.040	3.430	4.150	8.240	10.510	7.300	10.320
	安拆及场外运输费	元	–	1.990	1.990	1.990	1.990	1.990	1.990	2.990	2.990
	第一类费用小计	元	–	18.810	28.740	11.920	13.040	19.000	22.310	24.790	33.490
第二类费用	人工	工日	40.00	1.250	1.250	1.250	1.250	1.250	1.250	1.250	1.250
	电	kW·h	0.85	133.720	213.950	15.300	15.660	17.320	18.360	53.800	122.900
	第二类费用小计	元	–	163.660	231.860	63.010	63.310	64.720	65.610	95.730	154.470

单位:台班

定额编号				JX309024	JX309025	JX309026	JX309027	JX309028	JX309029	JX309030
项目		单位	单价(元)	砂泵			双液压注浆泵	液压注浆泵	灌浆泵	电动油泵
				出口直径(mm)			PH2×5	HYB50/50-1	中压砂浆	ZB4-500
				$\phi 65$	$\phi 100$	$\phi 125$				
基价		**元**		**151.36**	**191.39**	**311.60**	**259.39**	**143.18**	**135.71**	**188.44**
第一类费用	折旧费	元	-	8.240	13.430	27.790	132.680	54.020	15.300	2.680
	大修理费	元	-	2.650	4.050	7.650	25.580	13.200	18.930	7.030
	经常修理费	元	-	9.980	15.220	28.750	24.560	12.670	37.860	14.830
	安拆及场外运输费	元	-	3.990	4.990	5.990	-	-	5.120	-
	第一类费用小计	元	-	24.860	37.690	70.180	182.820	79.890	77.210	24.540
第二类费用	人工	工日	40.00	1.250	1.250	1.250	1.250	1.250	1.250	1.250
	电	kW·h	0.85	90.000	122.000	225.200	31.260	15.630	10.000	134.000
	第二类费用小计	元	-	126.500	153.700	241.420	76.570	63.290	58.500	163.900

十、其他机械

单位:台班

定额编号				JX310001	JX310002	JX310003	JX310004	JX310005	JX310006	JX310007
项目		单位	单价(元)	风动灌浆机	电动灌浆机	吹风机	鼓风机		风动锻钎机	液压锻钎机
				100~150L		$4m^3/min$	$8m^3/min$	$18m^3/min$		
基价		**元**		**81.76**	**82.96**	**75.10**	**104.83**	**215.31**	**296.77**	**215.30**
第一类费用	折旧费	元	–	5.440	7.460	8.240	16.500	22.160	13.990	23.000
	大修理费	元	–	1.450	1.610	1.010	1.250	1.880	5.230	9.040
	经常修理费	元	–	7.620	8.460	2.540	3.030	4.540	3.660	6.330
	安拆及场外运输费	元	–	1.660	1.660	3.980	3.980	3.980	7.570	7.570
	第一类费用小计	元	–	16.170	19.190	15.770	24.760	32.560	30.450	45.940
第二类费用	人工	工日	40.00	1.250	1.250	–	–	–	2.500	2.500
	电	kW·h	0.85	–	16.200	69.800	94.200	215.000	–	81.600
	风	m^3	0.17	94.500	–	–	–	–	1008.000	–
	第二类费用小计	元	–	65.590	63.770	59.330	80.070	182.750	266.320	169.360

单位:台班

定额编号				JX310008	JX310009	JX310010	JX310011	JX310012	JX310013	JX310014
项目		单位	单价(元)	修钎机	磨钎机	泥浆拌和机				蛙式打夯机
						100~150L	500L	1000L	2000L	
基价		元		**236.27**	**60.61**	**67.49**	**87.84**	**104.34**	**110.78**	**23.82**
第一类费用	折旧费	元	-	32.210	25.240	2.680	5.800	6.200	9.770	3.670
	大修理费	元	-	7.460	23.270	0.890	0.980	1.060	1.140	0.960
	经常修理费	元	-	3.880	12.100	3.760	4.100	3.120	3.360	4.450
	安拆及场外运输费	元	-	7.040	-	1.660	3.160	3.160	3.160	-
	第一类费用小计	元	-	50.590	60.610	8.990	14.040	13.540	17.430	9.080
第二类费用	人工	工日	40.00	2.500	-	1.250	1.250	1.250	1.250	-
	电	kW·h	0.85	100.800	-	10.000	28.000	48.000	51.000	17.340
	第二类费用小计	元	-	185.680	-	58.500	73.800	90.800	93.350	14.740

单位:台班

定额编号				JX310015	JX310016	JX310017	JX310018	JX310019	JX310020	JX310021
项目		单位	单价(元)	液压千斤顶			张拉千斤顶	风镐	烘干机 0.25m³	手提式缝纫机
				起重量			YCW－150			
				100t	200t	300t				
基价		元		**14.70**	**19.68**	**26.19**	**19.95**	**42.29**	**466.91**	**4.38**
第一类费用	折旧费	元	–	5.390	7.470	11.130	15.360	5.320	–	–
	大修理费	元	–	2.560	3.650	4.720	1.530	–	–	–
	经常修理费	元	–	4.250	6.060	7.840	3.060	7.270	–	–
	安拆及场外运输费	元	–	2.500	2.500	2.500	–	–	–	–
	第一类费用小计	元	–	14.700	19.680	26.190	19.950	12.590	–	–
第二类费用	电	kW·h	0.85	–	–	–	–	–	–	–
	风	m^3	0.17	–	–	–	–	180.000	–	–
	第二类费用小计	元	–	–	–	–	–	29.700	–	–

单位:台班

定额编号				JX310022	JX310023	JX310024	JX310025	JX310026	JX310027
项目		单位	单价(元)	风(砂)水枪	气动抓岩机	电动铲斗装岩机	电动耙斗装岩机	慢速绞车	调度绞车
					NZQ-0.11	Z-20	$0.18m^3$	11kW JJm-5	JD-40
基价		**元**		**277.87**	**429.48**	**150.19**	**151.10**	**143.08**	**280.67**
第一类费用	折旧费	元	-	1.280	15.010	30.400	24.700	17.550	36.710
	大修理费	元	-	1.150	4.020	6.920	6.250	3.810	7.960
	经常修理费	元	-	2.640	12.070	20.050	18.110	26.530	55.500
	安拆及场外运输费	元	-	-	1.880	10.900	10.900	4.700	4.700
	第一类费用小计	元	-	5.070	32.980	68.270	59.960	52.590	104.870
第二类费用	人工	工日	40.00	-	1.250	1.250	1.250	1.250	1.250
	电	kW·h	0.85	-	-	37.550	48.400	47.630	148.000
	风	m^3	0.17	1120.000	2100.000	-	-	-	-
	水	m^3	4.00	22.000	-	-	-	-	-
	第二类费用小计	元	-	272.800	396.500	81.920	91.140	90.490	175.800

附表一、塔式起重机基础及轨道铺拆费用表

序号	项目	单位	基价(元)	费用组成		
				人工费	材料费	机械费
				元		
1	固定式基础(带配重)	座	5893.83	2000.00	3693.83	200.00
2	轨道式基础	m(双轨)	182.73	60.00	118.16	4.57

附表二、特大型机械场外运输费用表

序号	项目	单位	基价(元)	费用组成				
				人工费	材料费	机械费	架线费	回程费
				元				
1	履带式挖掘机 1m^3 以内	台次	4238.39	480.00	168.30	2392.41	350.00	847.68
2	履带式挖掘机 1m^3 以外	台次	4833.37	480.00	205.85	2830.85	350.00	966.67
3	履带式推土机 90kW 以内	台次	3948.20	240.00	254.10	2314.46	350.00	789.64
4	履带式推土机 90kW 以外	台次	4826.06	240.00	254.10	3016.75	350.00	965.21
5	履带式起重机 30t 以内	台次	6112.01	480.00	189.80	3869.81	350.00	1222.40
6	履带式起重机 50t 以内	台次	9898.13	480.00	189.80	6898.70	350.00	1979.63
7	履带式起重机 50t 以外	台次	13804.89	480.00	189.80	10024.12	350.00	2760.98
8	压路机	台次	3218.55	200.00	152.22	1872.62	350.00	643.71
9	塔式起重机 6t 以内	台次	9095.75	480.00	69.80	6376.80	350.00	1819.15
10	塔式起重机 8t 以内	台次	11438.98	960.00	96.60	7744.58	350.00	2287.80
11	塔式起重机 15t 以内	台次	14141.41	1240.00	125.58	9597.55	350.00	2828.28
12	塔式起重机 25t 以内	台次	23523.09	2000.00	202.86	16265.61	350.00	4704.62
13	塔式起重机 60t 以内	台次	29248.59	4000.00	397.12	18651.75	350.00	5849.72
14	塔式起重机 125t 以内	台次	62430.43	8000.00	772.74	40821.60	350.00	12486.09
15	自升式塔式起重机	台次	26474.53	1600.00	142.15	19087.47	350.00	5294.91
16	混凝土搅拌站	台次	8990.80	1040.00	48.30	5333.70		2568.80

序号	项目	单位	基价(元)	费用组成				
				人工费	材料费	机械费	架线费	回程费
				元				
17	轮胎式起重机 10t 以内	台次	1768.69	160.00	26.80	1228.16		353.74
18	轮胎式起重机 20t 以内	台次	1923.64	160.00	26.80	1352.12		384.73
19	轮胎式起重机 40t 以内	台次	2288.01	160.00	26.80	1643.61		457.60
20	轮胎式起重机 60t 以内	台次	2584.31	160.00	26.80	1880.65		516.86
21	汽车式起重机 10t 以内	台次	508.93	80.00		327.15		101.79
22	汽车式起重机 20t 以内	台次	852.90	80.00		602.32		170.58
23	汽车式起重机 40t 以内	台次	1477.66	80.00		1102.13		295.53
24	汽车式起重机 60t 以内	台次	2599.66	80.00		1999.73		519.93
25	汽车式起重机 100t 以内	台次	3821.41	80.00		2977.13		764.28
26	汽车式起重机 125t 以内	台次	5514.53	80.00		4331.62		1102.91
27	汽车式起重机 150t 以内	台次	6711.86	80.00		5289.49		1342.37
28	轮胎式装载机 1.5m^3 以内	台次	556.01	80.00		364.81		111.20
29	轮胎式装载机 2.5m^3 以内	台次	700.26	80.00		480.21		140.05
30	轮胎式装载机 4.5m^3 以内	台次	874.96	80.00		619.97		174.99
31	自行式铲运机 6m^3 以内	台次	683.64	80.00		466.92		136.73
32	自行式铲运机 10m^3 以内	台次	824.00	80.00		579.20		164.80
33	自行式铲运机 12m^3 以内	台次	1492.97	80.00		1114.38		298.59

序号	项目	单位	基价(元)	费用组成				
				人工费	材料费	机械费	架线费	回程费
				元				
34	自行式铲运机 12m^3 以外	台次	2244.19	80.00		1715.35		448.84
35	履带式拖拉机 90kW 以内	台次	3558.94	80.00	254.10	2513.06		711.79
36	履带式拖拉机 90kW 以外	台次	3824.50	80.00	254.10	2725.50		764.90
37	汽车式沥青喷洒机 7500L 以内	台次	428.21	80.00		262.57		85.64
38	汽车式沥青喷洒机 4000L 以内	台次	612.12	80.00		409.70		122.42
39	沥青混凝土摊铺机	台次	1021.55	320.00		497.24		204.31
40	沥青混凝土摊铺机(带自动找平)	台次	2046.83	480.00		1157.46		409.37
41	螺旋钻机(孔径 ϕ400)	台次	3917.79	480.00	168.30	2135.94	350.00	783.56
42	螺旋钻机(孔径 ϕ600)	台次	3981.65	480.00	168.30	2187.02	350.00	796.33
43	螺旋钻机(孔径 ϕ800)	台次	4115.43	480.00	168.30	2294.04	350.00	823.09

附表三、特大型机械每安装拆卸一次费用表

序号	项目	单位	基价(元)	费用组成		
				人工费	材料费	机械费
				元		
1	塔式起重机 6t	台次	6287.62	2400.00	63.40	3824.22
2	塔式起重机 8t	台次	12370.73	2800.00	63.40	9507.33
3	塔式起重机 15t	台次	24645.56	3600.00	190.20	20855.36
4	塔式起重机 25t	台次	54970.54	6000.00	570.60	48399.94
5	塔式起重机 40t	台次	63211.46	7200.00	765.70	55245.76
6	塔式起重机 60t	台次	85295.52	8000.00	1084.14	76211.38
7	塔式起重机 80t	台次	93942.68	9200.00	1409.64	83333.04
8	塔式起重机 125t	台次	122643.29	10000.00	1735.14	110908.16
9	自升式塔式起重机	台次	20974.95	3200.00	290.40	17484.55
10	螺旋钻机(孔径 ϕ400)	台次	2944.94	1200.00	7.00	1737.94
11	螺旋钻机(孔径 ϕ600)	台次	3014.94	1200.00	7.00	1807.94
12	螺旋钻机(孔径 ϕ800)	台次	3044.94	1200.00	7.00	1837.94
13	混凝土搅拌站	台次	10404.68	3600.00		6804.68

第二章　施工机械台班费用基础定额

一、土石方及筑路机械

编号	机械名称	规格型号	预算价格	残值率	年工作台班（参考）	折旧年限（参考）	大修间隔台班	使用周期	耐用总台班	一次大修费	K值
			元	%	台班	年	台班		台班	元	
JX301001	履带式单斗挖掘机（机动）	$1m^3$	498750	3	220	12	875	3	2625	62488	2.78
JX301002	履带式单斗挖掘机（机动）	$1.5m^3$	535500	3	220	12	875	3	2625	123753	2.78
JX301003	履带式单斗挖掘机（电动）	$1m^3$	577500	3	220	12	875	3	2625	42346	2.95
JX301004	履带式单斗挖掘机（电动）	$2m^3$	618000	3	220	12	875	3	2625	91851	2.95
JX301005	履带式单斗挖掘机（电动）	$3m^3$	1236000	3	220	12	875	3	2625	226019	2.95
JX301006	履带式单斗挖掘机（电动）	$4m^3$	2451400	2	220	16	875	4	3500	491987	2.95
JX301007	履带式单斗挖掘机（电动）	$10m^3$	4120000	2	220	16	875	4	3500	590385	2.95
JX301008	履带式单斗挖掘机（电动）	$12m^3$	6180000	2	220	16	875	4	3500	708461	2.95
JX301009	履带式单斗挖掘机（电动）	$15m^3$	8262000	2	220	16	875	4	3500	814731	2.95
JX301010	履带式单斗挖掘机（液压）	$0.6m^3$	300300	3	220	12	875	3	2625	69289	2.24
JX301011	履带式单斗挖掘机（液压）	$0.8m^3$	441000	3	220	12	875	3	2625	81018	2.11
JX301012	履带式单斗挖掘机（液压）	$1m^3$	488250	3	220	12	875	3	2625	87548	2.11
JX301013	履带式单斗挖掘机（液压）	$1.25m^3$	537600	3	220	12	875	3	2625	107852	2.11
JX301014	履带式单斗挖掘机（液压）	$1.6m^3$	620550	3	220	12	875	3	2625	126116	2.11
JX301015	履带式单斗挖掘机（液压）	$2m^3$	671475	3	220	12	875	3	2625	176375	2.11
JX301016	履带式单斗挖掘机（液压）	$2.5m^3$	731908	3	220	12	875	3	2625	192409	2.11
JX301017	轮胎式装载机	$0.5m^2$	153500	4	240	12	938	3	2814	19898	3.56
JX301018	轮胎式装载机	$1m^3$	173250	4	240	12	938	3	2814	35302	3.56
JX301019	轮胎式装载机	$1.5m^3$	201600	3	240	12	938	3	2814	38746	3.56

编号	机械名称	规格型号	预算价格	残值率	年工作台班(参考)	折旧年限(参考)	大修间隔台班	使用周期	耐用总台班	一次大修费	K值
			元	%	台班	年	台班		台班	元	
JX301020	轮胎式装载机	$2m^3$	283500	3	240	12	938	3	2814	47202	3.56
JX301021	轮胎式装载机	$2.5m^3$	330750	3	240	12	938	3	2814	52822	3.56
JX301022	轮胎式装载机	$3m^3$	362250	3	240	12	938	3	2814	61048	3.56
JX301023	轮胎式装载机	$4.5m^3$	467250	3	240	12	938	3	2814	78482	3.56
JX301024	履带式推土机	50kW	69825	4	200	11	750	3	2250	21842	2.6
JX301025	履带式推土机	55kW	71400	4	200	11	750	3	2250	24061	2.6
JX301026	履带式推土机	65kW	74393	4	200	11	750	3	2250	26759	2.6
JX301027	履带式推土机	75kW	212205	3	200	11	750	3	2250	44994	2.6
JX301028	履带式推土机	90kW	273000	3	200	11	750	3	2250	52962	2.6
JX301029	履带式推土机	105kW	302925	3	200	11	750	3	2250	55481	2.6
JX301030	履带式推土机	135kW	536550	3	200	11	750	3	2250	97324	2.6
JX301031	履带式推土机	165kW	639450	3	200	11	750	3	2250	133000	2.6
JX301032	履带式推土机	240kW	920325	3	200	11	750	3	2250	220866	2.01
JX301033	履带式推土机	320kW	1074675	3	200	11	750	3	2250	282775	1.85
JX301034	自行式铲运机(单引擎)	$3m^3$	238875	4	160	12	625	3	1875	50174	2.68
JX301035	自行式铲运机(单引擎)	$4m^3$	350700	3	160	12	625	3	1875	52642	2.68
JX301036	自行式铲运机(单引擎)	$6m^3$	373800	3	160	12	625	3	1875	55519	2.68
JX301037	自行式铲运机(单引擎)	$8m^3$	404250	3	160	12	625	3	1875	60416	2.68
JX301038	自行式铲运机(单引擎)	$10m^3$	414750	3	160	12	625	3	1875	64306	2.68
JX301039	自行式铲运机(单引擎)	$12m^3$	547050	3	160	12	625	3	1875	80432	2.68
JX301040	自行式铲运机(双引擎)	$12m^3$	663600	3	160	12	625	3	1875	172169	2.68

编号	机械名称	规格型号	预算价格	残值率	年工作台班(参考)	折旧年限(参考)	大修间隔台班	使用周期	耐用总台班	一次大修费	K值
			元	%	台班	年	台班		台班	元	
JX301041	自行式铲运机(双引擎)	23m^3	1839600	3	160	12	625	3	1875	247213	2.68
JX301042	拖式铲运机	3m^3	47775	4	160	12	625	3	1875	29344	3.29
JX301043	拖式铲运机	8m^3	162750	3	160	12	625	3	1875	57900	3.29
JX301044	拖式铲运机	10m^3	189000	3	160	12	625	3	1875	115990	2.34
JX301045	拖式铲运机	12m^3	223125	3	160	12	625	3	1875	147212	2.34
JX301046	履带式拖拉机	55kW	55650	3	200	11	750	3	2250	20049	2.68
JX301047	履带式拖拉机	60kW	65100	3	200	11	750	3	2250	24765	2.68
JX301048	履带式拖拉机	75kW	162750	3	200	11	750	3	2250	41383	2.68
JX301049	履带式拖拉机	90kW	274050	3	200	11	750	3	2250	49158	2.68
JX301050	履带式拖拉机	105kW	303345	3	200	11	750	3	2250	51283	2.68
JX301051	履带式拖拉机	120kW	362775	3	200	11	750	3	2250	68937	2.68
JX301052	履带式拖拉机	135kW	398475	3	200	11	750	3	2250	90044	2.68
JX301053	轮式拖拉机	21kW	22575	4	200	7	480	3	1440	8498	2.11
JX301054	轮式拖拉机	41kW	40110	4	200	7	480	3	1440	18461	2.11
JX301055	平地机	75kW	236250	3	200	11	750	3	2250	31636	3.45
JX301056	平地机	90kW	259350	3	200	11	750	3	2250	37062	3.45
JX301057	平地机	120kW	388500	3	200	11	750	3	2250	46167	3.45
JX301058	平地机	135kW	435750	3	200	11	750	3	2250	70565	3.45
JX301059	平地机	150kW	489300	3	200	11	750	3	2250	92873	3.45
JX301060	平地机	180kW	577500	3	200	11	750	3	2250	125116	3.45
JX301061	平地机	220kW	764400	3	200	11	750	3	2250	174559	3.45

编号	机械名称	规格型号	预算价格	残值率	年工作台班(参考)	折旧年限(参考)	大修间隔台班	使用周期	耐用总台班	一次大修费	*K* 值
			元	%	台班	年	台班		台班	元	
JX301062	羊足碾(单筒)	3t 内	11500	4	200	13	1250	2	2500	3388	5.55
JX301063	羊足碾(双筒)	6t 内	20475	4	200	13	1250	2	2500	5597	5.55
JX301064	羊足碾(双筒)	9t 内	84810	4	200	13	1250	2	2500	6156	5.55
JX301065	羊足碾(双筒)	12t 内	101640	4	200	13	1250	2	2500	6772	5.55
JX301066	羊足碾(双筒)	16t 内	149985	4	200	13	1250	2	2500	7449	5.55
JX301069	轮胎压路机	9t 内(不加载重量)	91875	3	200	11	750	3	2250	27327	3.99
JX301070	振动压路机	8t	177450	3	200	11	700	3	2100	41026	3.08
JX301071	振动压路机	12t	211050	3	200	11	700	3	2100	46168	3.08
JX301072	振动压路机	15t	231000	3	200	11	700	3	2100	49090	3.08
JX301073	光轮压路机(内燃)	6t	99750	3	200	11	750	3	2250	15775	3.21
JX301074	光轮压路机(内燃)	8t	110250	3	200	11	750	3	2250	19108	3.21
JX301075	光轮压路机(内燃)	12t	133140	3	200	11	750	3	2250	23031	3.21
JX301076	光轮压路机(内燃)	15t	142275	3	200	11	750	3	2250	24160	3.21
JX301077	光轮压路机(内燃)	18t	158550	3	200	11	750	3	2250	25971	3.21
JX301078	光轮压路机(内燃)	20t	229898	3	200	11	750	3	2250	37658	3.21
JX301079	夯实机(电动)	夯击能力 20～62kg/m	3276	4	120	6	380	2	760	941	4.64
JX301080	夯实机(内燃)	夯足直径 265mm	2993	4	120	6	380	2	760	1828	4.64
JX301081	凿岩机	气腿式	4400	4	150	7	510	2	1020	2050	7.05
JX301082	凿岩机	手持式	2520	4	150	7	510	2	1020	1138	7.05
JX301083	装岩机(风动)	斗容量 $0.12m^3$	34440	4	180	12	700	3	2100	6980	2.06
JX301084	装岩机(电动)	斗容量 $0.2m^3$	42000	4	180	12	700	3	2100	9664	1.7

编号	机械名称	规格型号	预算价格	残值率	年工作台班(参考)	折旧年限(参考)	大修间隔台班	使用周期	耐用总台班	一次大修费	K值
			元	%	台班	年	台班		台班	元	
JX301085	装岩机(电动)	斗容量0.6m^3	63525	3	180	12	700	3	2100	16650	1.7
JX301086	汽车式沥青喷洒机	箱容量4000L	120750	3	100	11	375	3	1125	27698	1.69
JX301087	汽车式沥青喷洒机	箱容量7500L	220500	3	100	11	375	3	1125	41874	1.69
JX301088	沥青混凝土摊铺机	载重量4t	134400	3	150	12	600	3	1800	35679	1.97
JX301089	沥青混凝土摊铺机	载重量6t	204750	3	150	12	600	3	1800	40987	1.97
JX301090	沥青混凝土摊铺机	载重量8t	282450	3	150	12	600	3	1800	65922	1.97
JX301091	沥青混凝土摊铺机	载重量12t	299250	3	150	12	600	3	1800	66498	1.97
JX301092	沥青混凝土摊铺机(带自动找平)	载重量8t	884100	3	150	12	600	3	1800	87874	1.23
JX301093	沥青混凝土摊铺机(带自动找平)	载重量12t	1482600	3	150	12	600	3	1800	155312	1.23
JX301094	沥青混凝土摊铺机	TX150	546000	3	150	12	600	3	1800	75735	1.9
JX301095	沥青混凝土拌和机	拌和式	404250	3	120	15	600	3	1800	79715	2.9
JX301096	沥青混凝土拌和机	强迫式	119805	4	150	8	600	2	1200	27641	1.75
JX301097	螺旋钻机	孔径ϕ400	263655	4	200	7	700	3	1400	9867	6.27
JX301098	螺旋钻机	孔径ϕ600	309750	4	200	7	700	3	1400	11286	6.27
JX301099	螺旋钻机	孔径ϕ800	481950	4	200	7	700	3	1400	13497	6.27
JX301100	工程钻机	孔径ϕ500	215250	3	200	7	700	3	1400	27999	2.08
JX301101	工程钻机	孔径ϕ800	330750	3	200	7	700	3	1400	32201	2.08

编号	机械名称	规格型号	预算价格	残值率	年工作台班(参考)	折旧年限(参考)	大修间隔台班	使用周期	耐用总台班	一次大修费	K值
			元	%	台班	年	台班		台班	元	
JX301102	工程钻机	孔径 φ1500	330750	3	200	7	700	3	1400	37830	2.08
JX301103	冲击钻机	CZ-20	174563	3	120	16	920	4	3680	63366	3.1
JX301104	冲击钻机	CZ-22	194513	3	230	16	920	4	3680	70483	3.1
JX301105	冲击钻机	CZ-30	234413	3	230	16	920	4	3680	85391	3.1
JX301109	潜水钻机	孔径 φ800	120750	3	200	11	750	3	2250	19074	2.69
JX301110	潜水钻机	孔径 φ1250	162750	3	200	11	750	3	2250	28703	2.69
JX301111	潜水钻机	孔径 φ1500	239925	3	200	11	750	3	2250	34414	2.69
JX301112	牙轮钻机	KY-250	1718640	3	220	16	880	4	3520	475200	4.2
JX301113	牙轮钻机	KY-310	1801800	3	220	16	880	4	3520	534600	4.2
JX301114	牙轮钻机	45R	2062845	3	220	16	880	4	3520	534600	4.9
JX301115	牙轮钻机	60R	2554165	3	220	16	880	4	3520	712800	4.9
JX301116	锚杆钻孔机	DHR80A	2223386	4	200	11	750	3	2250	242332	2
JX301118	锚杆台车	235H	3180000	3	235	12	938	3	2814	693582	2.71
JX301119	三臂凿岩台车	H178	6767801	3	235	12	938	3	2814	1476109	2.71
JX301120	履带式钻孔机	孔径 φ400~700mm	488250	3	200	14	900	3	2700	27444	3.45
JX301121	潜孔钻机	KQ-80	129360	3	220	14	805	4	3220	50252	2.1
JX301122	潜孔钻机	KQ-130	284592	3	220	16	880	4	3520	65340	2.1
JX301123	潜孔钻机	KQ-200	517440	3	220	16	880	4	3520	142560	2.1
JX301124	潜孔钻机	KQ-250	608731	3	220	16	880	4	3520	201960	2.1

二、起重机械

编号	机械名称	规格型号	预算价格	残值率	年工作台班(参考)	折旧年限(参考)	大修间隔台班	使用周期	耐用总台班	一次大修费	K值
			元	%	台班	年	台班		台班	元	
JX302001	履带式电动起重机	3t	111300	4	230	10	1125	2	2250	14014	2.35
JX302002	履带式电动起重机	5t	115500	4	230	10	1125	2	2250	19309	2.35
JX302003	履带式电动起重机	40t	1218000	3	230	10	1125	2	2250	70954	2.35
JX302004	履带式电动起重机	50t	1244250	3	230	10	1125	2	2250	70954	2.35
JX302005	履带式起重机	10t	338100	3	230	10	1125	2	2250	46215	3.86
JX302006	履带式起重机	15t	492450	3	230	10	1125	2	2250	61438	3.86
JX302007	履带式起重机	20t	507150	3	230	10	1125	2	2250	99301	1.84
JX302008	履带式起重机	25t	519750	3	230	10	1125	2	2250	131980	1.84
JX302009	履带式起重机	30t	703500	3	230	10	1125	2	2250	173569	1.84
JX302010	履带式起重机	40t	1176000	3	230	10	1125	2	2250	346123	1.84
JX302011	履带式起重机	50t	1251600	3	230	10	1125	2	2250	352279	1.84
JX302012	履带式起重机	60t	1527750	3	230	10	1125	2	2250	404571	3.99
JX302013	履带式起重机	70t	1727250	3	230	10	1125	2	2250	428908	3.99
JX302014	履带式起重机	90t	3843000	3	230	10	1125	2	2250	479568	3.99
JX302015	履带式起重机	100t	4567500	3	230	10	1125	2	2250	537266	3.99
JX302016	履带式起重机	140t	6951000	3	230	10	1125	2	2250	652874	3.99
JX302017	履带式起重机	150t	7014000	3	230	10	1125	2	2250	680618	3.99
JX302018	履带式起重机	200t	9618000	3	230	10	1125	2	2250	861506	3.99
JX302019	履带式起重机	300t	15743699	3	230	10	1125	2	2250	1440137	3.1

编号	机械名称	规格型号	预算价格	残值率	年工作台班(参考)	折旧年限(参考)	大修间隔台班	使用周期	耐用总台班	一次大修费	K值
			元	%	台班	年	台班		台班	元	
JX302020	轮胎式起重机	10t	309750	3	250	12	1000	3	3000	42708	3.05
JX302021	轮胎式起重机	16t	468300	3	250	12	1000	3	3000	48345	3.05
JX302022	轮胎式起重机	20t	649950	3	250	12	1000	3	3000	53045	3.05
JX302023	轮胎式起重机	25t	756000	3	250	12	1000	3	3000	109306	1.54
JX302024	轮胎式起重机	40t	980175	3	250	12	1000	3	3000	250312	1.54
JX302025	轮胎式起重机	50t	1104600	3	250	12	1000	3	3000	253586	1.54
JX302026	轮胎式起重机	60t	1690500	3	250	12	1000	3	3000	304304	1.54
JX302027	汽车式起重机	5t	166950	3	200	11	750	3	2250	29832	2.07
JX302028	汽车式起重机	8t	225750	3	200	11	750	3	2250	49310	2.07
JX302029	汽车式起重机	10t	268800	3	200	11	750	3	2250	58659	2.07
JX302030	汽车式起重机	12t	330750	3	200	11	750	3	2250	69861	2.07
JX302031	汽车式起重机	16t	456750	3	200	11	750	3	2250	105177	2.07
JX302032	汽车式起重机	20t	541800	3	200	11	750	3	2250	179339	2.07
JX302033	汽车式起重机	25t	575400	3	200	11	750	3	2250	197386	2.07
JX302034	汽车式起重机	30t	624750	3	200	11	750	3	2250	208450	2.07
JX302035	汽车式起重机	40t	957600	3	200	11	750	3	2250	429387	2.07
JX302036	汽车式起重机	50t	2467500	3	200	11	750	3	2250	585936	2.07
JX302037	汽车式起重机	60t	3003000	3	200	11	750	3	2250	638840	2.07
JX302038	汽车式起重机	70t	3937500	3	200	11	750	3	2250	677299	2.07
JX302039	汽车式起重机	75t	4089750	3	200	11	750	3	2250	714656	2.07
JX302040	汽车式起重机	80t	4357500	3	200	11	750	3	2250	756716	2.07

编号	机械名称	规格型号	预算价格	残值率	年工作台班(参考)	折旧年限(参考)	大修间隔台班	使用周期	耐用总台班	一次大修费	K值
			元	%	台班	年	台班		台班	元	
JX302041	汽车式起重机	90t	4551750	3	200	11	750	3	2250	828241	2.07
JX302042	汽车式起重机	100t	4987500	3	200	11	750	3	2250	894963	2.07
JX302043	汽车式起重机	110t	6562500	3	200	11	750	3	2250	981828	2.07
JX302044	汽车式起重机	120t	8064000	3	200	11	750	3	2250	1039210	2.07
JX302045	汽车式起重机	125t	8528100	3	200	11	750	3	2250	1126239	2.07
JX302046	汽车式起重机	150t	10462500	3	200	11	750	3	2250	1370034	2.07
JX302047	塔式起重机	2t	173250	3	250	14	1200	3	3600	13657	3.94
JX302048	塔式起重机	6t	551250	3	250	14	1200	3	3600	47353	3.94
JX302049	塔式起重机	8t	618450	3	250	14	1200	3	3600	50112	3.94
JX302050	塔式起重机	15t	902475	3	250	14	1200	3	3600	107796	3.94
JX302051	塔式起重机	25t	2124150	3	250	14	1200	3	3600	124836	3.94
JX302052	塔式起重机	40t	2367750	3	250	14	1200	3	3600	193240	3.94
JX302053	塔式起重机	60t	3864000	3	250	14	1200	3	3600	229706	3.94
JX302054	塔式起重机	80t	4084500	3	250	14	1200	3	3600	259527	3.94
JX302055	塔式起重机	125t	6357750	3	250	14	1200	3	3600	396336	3.94
JX302056	自升式塔式起重机	起重力矩(t·m)100 以内	863100	3	250	14	1200	3	3600	84039	2.1
JX302057	自升式塔式起重机	起重力矩(t·m)125 以内	876750	3	250	14	1200	3	3600	107461	2.1
JX302058	自升式塔式起重机	起重力矩(t·m)145 以内	1035300	3	250	14	1200	3	3600	132826	2.1

编号	机械名称	规格型号	预算价格	残值率	年工作台班(参考)	折旧年限(参考)	大修间隔台班	使用周期	耐用总台班	一次大修费	K值
			元	%	台班	年	台班		台班	元	
JX302059	自升式塔式起重机	起重力矩(t·m)200以内	1176000	3	250	14	1200	3	3600	170163	2.1
JX302060	自升式塔式起重机	起重力矩(t·m)300以内	1664250	3	250	14	1200	3	3600	209778	2.1
JX302061	自升式塔式起重机	起重力矩(t·m)450以内	2298180	3	250	14	1200	3	3600	216686	2.1
JX302062	电动双梁桥式起重机	5t	115500	4	250	10	1200	2	2400	30941	2.17
JX302063	电动双梁桥式起重机	10t	213675	4	250	10	1200	2	2400	51564	2.17

三、水平运输机械

编号	机械名称	规格型号	预算价格	残值率	年工作台班(参考)	折旧年限(参考)	大修间隔台班	使用周期	耐用总台班	一次大修费	K值
			元	%	台班	年	台班		台班	元	
JX303001	自卸汽车	2t	68224	2	220	8	825	2	1650	9928	4.44
JX303002	自卸汽车	4t	94789	2	220	8	825	2	1650	19146	4.44
JX303003	自卸汽车	6t	143693	2	220	8	825	2	1650	28835	4.44
JX303004	自卸汽车	8t	175088	2	220	8	825	2	1650	47465	3.34
JX303005	自卸汽车	10t	247538	2	220	8	825	2	1650	54434	3.34
JX303006	自卸汽车	12t	260216	2	220	8	825	2	1650	55022	3.34
JX303007	自卸汽车	15t	452813	2	220	8	825	2	1650	71924	3.34
JX303008	自卸汽车	20t	545790	2	220	8	825	2	1650	94272	3.34
JX303009	自卸汽车	25t	785400	2	220	8	825	2	1650	103699	3.34
JX303010	自卸汽车	27t	1458000	2	220	8	825	2	1650	108884	3.34
JX303011	自卸汽车	30t	1907000	2	220	8	825	2	1650	114329	3.34
JX303012	自卸汽车	32t	2010000	2	220	8	825	2	1650	120045	3.34
JX303013	自卸汽车	40t	2580000	2	220	8	825	2	1650	126047	3.34
JX303014	自卸汽车	45t	2690000	2	220	8	825	2	1650	132350	3.34
JX303015	自卸汽车	50t	3920000	2	220	8	825	2	1650	138967	3.34
JX303016	自卸汽车	65t	4230000	2	220	8	825	2	1650	145915	3.34
JX303017	自卸汽车	68t	4480000	2	220	8	825	2	1650	153211	3.34
JX303018	自卸汽车	77t	5040000	2	220	8	825	2	1650	160872	3.34
JX303019	自卸汽车	100t	5152000	2	220	17	825	3	2475	176193	3.34

编号	机械名称	规格型号	预算价格	残值率	年工作台班(参考)	折旧年限(参考)	大修间隔台班	使用周期	耐用总台班	一次大修费	K值
			元	%	台班	年	台班		台班	元	
JX303020	自卸汽车	108t	5512640	2	220	17	825	3	2475	188526	3.34
JX303021	载重汽车	4t	62790	2	240	8	950	2	1900	16398	5.61
JX303022	载重汽车	5t	71846	2	240	8	950	2	1900	18318	5.61
JX303023	载重汽车	6t	86336	2	240	8	950	2	1900	20842	5.61
JX303024	载重汽车	8t	138863	2	240	8	950	2	1900	43166	3.93
JX303025	载重汽车	10t	223991	2	240	8	950	2	1900	49490	3.93
JX303026	载重汽车	12t	266858	2	240	8	950	2	1900	57050	3.93
JX303027	载重汽车	15t	315158	2	240	8	950	2	1900	65221	3.93
JX303028	载重汽车	20t	405667	2	240	8	950	2	1900	76298	3.93
JX303029	洒水车	罐容量4000L	114713	2	240	8	950	2	1900	26162	4.29
JX303030	洒水车	罐容量8000L	155164	2	240	8	950	2	1900	46296	4.29
JX303031	油罐车	罐容量5000L	121958	2	240	8	950	2	1900	21309	5.09
JX303032	油罐车	罐容量8000L	163013	2	240	8	950	2	1900	36944	5.09
JX303033	机动翻斗车	1t	23063	2	250	6	750	2	1500	7634	3.93
JX303034	机动翻斗车	1.5t	32844	2	250	6	750	2	1500	8802	3.93
JX303035	轨道平车	5t	12317	4	150	8	400	3	1210	1568	2.1
JX303036	轨道平车	10t	54579	4	150	8	400	3	1210	2090	2.1
JX303037	平板拖车组	8t	116645	2	175	9	750	2	1500	34731	4.73
JX303038	平板拖车组	10t	138863	2	175	9	750	2	1500	40560	4.73
JX303039	平板拖车组	15t	223388	2	175	9	750	2	1500	50765	4.73

编号	机械名称	规格型号	预算价格	残值率	年工作台班(参考)	折旧年限(参考)	大修间隔台班	使用周期	耐用总台班	一次大修费	K值
			元	%	台班	年	台班		台班	元	
JX303040	平板拖车组	20t	362250	2	175	9	750	2	1500	61075	4.73
JX303041	平板拖车组	25t	422625	2	175	9	750	2	1500	74023	4.73
JX303042	平板拖车组	30t	495075	2	175	9	750	2	1500	81391	4.73
JX303043	平板拖车组	40t	666540	2	175	9	750	2	1500	99301	4.73
JX303044	平板拖车组	50t	706388	2	175	9	750	2	1500	103899	4.73
JX303045	平板拖车组	60t	760725	2	175	9	750	2	1500	107114	4.73
JX303046	平板拖车组	80t	1328250	2	175	9	750	2	1500	130844	4.73
JX303047	平板拖车组	100t	1509375	2	175	9	750	2	1500	132981	6.35
JX303048	平板拖车组	150t	2149350	2	175	9	750	2	1500	174393	6.35
JX303049	矿车	$0.75m^3$	6500	4	250	6	750	2	1500	625	1.24
JX303050	矿车	$1m^3$	9500	4	250	6	750	2	1500	1065	1.24
JX303051	矿车	$6m^3$	73290	4	250	10	840	3	2520	3298	1.65
JX303052	矿车	$11m^3$	189000	4	250	10	840	3	2520	8505	1.65
JX303053	矿车	$27m^3$	287175	4	250	14	875	4	3500	12922	1.85
JX303054	矿车	$44m^3$	325500	4	250	14	875	4	3500	14648	1.85
JX303055	准轨电机车	80t(重上)	1914750	3	210	25	1050	5	5250	200000	3.5
JX303057	准轨电机车	100t(重上)	2915000	3	210	25	1050	5	5250	271500	3.5
JX303059	准轨电机车	150t(重上)	3780000	3	210	25	1050	5	5250	350000	3.5

四、垂直运输机械

编号	机械名称	规格型号	预算价格	残值率	年工作台班(参考)	折旧年限(参考)	大修间隔台班	使用周期	耐用总台班	一次大修费	K值
			元	%	台班	年	台班		台班	元	
JX304001	卷扬机(单筒快速)	1t	6510	4	210	10	700	3	2100	2393	2.67
JX304002	卷扬机(单筒快速)	2t	12180	4	210	10	700	3	2100	4171	2.67
JX304003	卷扬机(单筒慢速)	3t	12705	4	210	10	700	3	2100	4886	2.67
JX304004	卷扬机(单筒慢速)	5t	15960	4	210	10	700	3	2100	5644	2.67
JX304005	卷扬机(单筒慢速)	8t	46410	4	210	10	700	3	2100	7036	4.48
JX304006	卷扬机(单筒慢速)	10t	153300	4	210	10	700	3	2100	8079	4.48
JX304007	卷扬机(单筒慢速)	20t	243600	4	210	10	700	3	2100	12399	5.97
JX304008	卷扬机(单筒慢速)	30t	337050	4	210	10	700	3	2100	13445	5.97
JX304009	卷扬机(双筒快速)	1t	18060	4	210	10	700	3	2100	2552	2.67
JX304010	卷扬机(双筒快速)	3t	37065	4	210	10	700	3	2100	4993	2.67
JX304011	卷扬机(双筒快速)	5t	45679	4	210	10	700	3	2100	5720	2.67
JX304012	卷扬机(双筒慢速)	3t	36225	4	210	10	700	3	2100	5181	2.79
JX304013	卷扬机(双筒慢速)	5t	43575	4	210	10	700	3	2100	6003	2.79
JX304014	卷扬机(双筒慢速)	8t	56910	4	210	10	700	3	2100	7063	7.44
JX304015	卷扬机(双筒慢速)	10t	147525	4	210	10	700	3	2100	8107	7.44
JX304016	电动葫芦	2t	7140	4	100	8	400	2	800	1970	3.3
JX304017	电动葫芦	3t	11025	4	100	8	400	2	800	2358	3.3
JX304018	电动葫芦	5t	13860	4	100	8	400	2	800	3419	3.3

五、混凝土机械

编号	机械名称	规格型号	预算价格	残值率	年工作台班(参考)	折旧年限(参考)	大修间隔台班	使用周期	耐用总台班	一次大修费	K值
			元	%	台班	年	台班		台班	元	
JX305001	滚筒式混凝土搅拌机(电动)	出料容量250L	23100	4	180	10	875	2	1750	5844	2.5
JX305002	滚筒式混凝土搅拌机(电动)	出料容量400L	41475	4	180	10	875	2	1750	7293	1.95
JX305003	滚筒式混凝土搅拌机(电动)	出料容量500L	52290	4	180	10	875	2	1750	8523	1.95
JX305004	滚筒式混凝土搅拌机(电动)	出料容量600L	63794	4	180	10	875	2	1750	8987	1.95
JX305005	滚筒式混凝土搅拌机(电动)	出料容量800L	80380	4	180	10	875	2	1750	10335	1.95
JX305006	强制反转式混凝土搅拌机	出料容量250L	24717	4	180	10	875	2	1750	6252.88312	1.95
JX305007	强制反转式混凝土搅拌机	出料容量400L	37328	4	180	10	875	2	1750	6563.4822	1.95
JX305008	强制反转式混凝土搅拌机	出料容量600L	56776	4	180	10	875	2	1750	7998.43	1.95
JX305009	强制反转式混凝土搅拌机	出料容量800L	85203	4	180	10	875	2	1750	11161.8	1.95
JX305010	强制反转式混凝土搅拌机	出料容量1000L	102244	4	180	10	875	2	1750	13394.16	1.95
JX305011	强制反转式混凝土搅拌机	出料容量1500L	109401	4	180	10	875	2	1750	14465.6928	1.95
JX305012	双锥反转出料混凝土搅拌机	出料容量200L	15540	4	180	10	875	2	1750	5654	2.64

编号	机械名称	规格型号	预算价格	残值率	年工作台班（参考）	折旧年限（参考）	大修间隔台班	使用周期	耐用总台班	一次大修费	*K* 值
			元	%	台班	年	台班		台班	元	
JX305013	双锥反转出料混凝土搅拌机	出料容量 350L	24675	4	180	10	875	2	1750	6643	2.64
JX305014	双锥反转出料混凝土搅拌机	出料容量 500L	44205	4	180	10	875	2	1750	10717	1.65
JX305015	双锥反转出料混凝土搅拌机	出料容量 750L	65100	4	180	10	875	2	1750	15604	1.65
JX305016	单卧轴式混凝土搅拌机	出料容量 150L	17010	4	180	10	875	2	1750	5871	4.04
JX305017	单卧轴式混凝土搅拌机	出料容量 250L	29925	4	180	10	875	2	1750	6839	4.04
JX305018	单卧轴式混凝土搅拌机	出料容量 350L	43575	4	180	10	875	2	1750	9420	4.04
JX305019	双卧轴式混凝土搅拌机	出料容量 350L	42525	4	180	10	875	2	1750	9917	4.74
JX305020	双卧轴式混凝土搅拌机	出料容量 400L	51975	4	180	10	875	2	1750	10540	4.74
JX305021	双卧轴式混凝土搅拌机	出料容量 500L	64575	4	180	10	875	2	1750	11438	4.74
JX305022	双卧轴式混凝土搅拌机	出料容量 800L	111300	4	180	10	875	2	1750	21201	4.74
JX305023	双卧轴式混凝土搅拌机	出料容量 1000L	157500	4	180	10	875	2	1750	26089	4.74
JX305024	双卧轴式混凝土搅拌机	出料容量 1500L	201600	4	180	10	875	2	1750	28698	4.74
JX305025	灰浆搅拌机	出料容量 200L	4463	4	180	10	875	2	1750	1410	4
JX305026	灰浆搅拌机	出料容量 400L	7266	4	180	10	875	2	1750	2320	4
JX305027	偏心振动筛	10～16m^3/h	9660	4	180	10	875	2	1750	3983	2.6
JX305028	筛洗石机（滚筒式）	8～10m^3/h	11550	4	180	6	500	2	1000	2926	2.53
JX305029	混凝土振捣器	插入式	788	4	120	3	360	1	360		2.53
JX305030	混凝土振捣器	附着式	730	4	120	3	360	1	360		2.53

编号	机械名称	规格型号	预算价格	残值率	年工作台班(参考)	折旧年限(参考)	大修间隔台班	使用周期	耐用总台班	一次大修费	K值
			元	%	台班	年	台班		台班	元	
JX305031	混凝土振捣器	平板式	730	4	120	3	360	1	360		2.53
JX305032	混凝土输送泵	排出量 $10m^3/h$	147000	4	200	5	500	2	1000	24291	2.33
JX305033	混凝土输送泵	排出量 $20m^3/h$	205800	4	200	5	500	2	1000	41611	2.33
JX305034	混凝土输送泵	排出量 $30m^3/h$	243600	3	200	5	500	2	1000	65865	2.33
JX305035	混凝土输送泵	排出量 $45m^3/h$	404250	3	200	5	500	2	1000	115011	1.39
JX305036	混凝土输送泵	排出量 $60m^3/h$	609000	3	200	5	500	2	1000	195858	1.39
JX305037	混凝土输送泵	排出量 $80m^3/h$	756000	3	200	5	500	2	1000	281743	1.39
JX305038	混凝土搅拌站	生产能力 $15m^3/h$	278250	3	180	10	875	2	1750	55402	2.66
JX305039	混凝土搅拌站	生产能力 $25m^3/h$	372750	3	180	10	875	2	1750	91202	2.66
JX305040	混凝土搅拌站	生产能力 $45m^3/h$	551250	3	180	10	875	2	1750	161695	1.6
JX305041	混凝土搅拌站	生产能力 $50m^3/h$	624750	3	180	10	875	2	1750	204839	1.6
JX305042	混凝土搅拌站	生产能力 $60m^3/h$	2089500	3	180	10	875	2	1750	249937	1.6
JX305043	混凝土喷射机	$5m^3/h$	34125	4	200	5	500	2	1000	5127	4.07
JX305044	混凝土搅拌输送车	容量 $3m^3$	306600	2	200	8	750	2	1500	100485	4.12
JX305045	混凝土搅拌输送车	容量 $4m^3$	379050	2	200	8	750	2	1500	118981.5	4.12
JX305046	混凝土搅拌输送车	容量 $5m^3$	464100	2	200	8	750	2	1500	136623.3	4.12
JX305047	混凝土搅拌输送车	容量 $6m^3$	540750	2	200	8	750	2	1500	154842.6	4.12
JX305048	混凝土搅拌输送车	容量 $7m^3$	725550	2	200	8	750	2	1500	174797.7	4.12

六、加工机械

编号	机械名称	规格型号	预算价格	残值率	年工作台班(参考)	折旧年限(参考)	大修间隔台班	使用周期	耐用总台班	一次大修费	K值
			元	%	台班	年	台班		台班	元	
JX306001	普通车床	工件直径×工件长度 φ400mm×1000mm	59640	4	200	14	720	4	2880	7729	1.05
JX306002	普通车床	工件直径×工件长度 φ400mm×2000mm	71295	4	200	14	720	4	2880	11316	1.05
JX306003	普通车床	工件直径×工件长度 φ630mm×1400mm	90510	4	200	14	720	4	2880	12152	1.05
JX306004	普通车床	工件直径×工件长度 φ630mm×2000mm	102270	4	200	14	720	4	2880	14400	1.05
JX306005	普通车床	工件直径×工件长度 φ650mm×2000mm	113925	4	200	14	720	4	2880	16801	1.05
JX306006	普通车床	工件直径×工件长度 φ1000mm×5000mm	208425	4	200	14	720	4	2880	22816	1.05
JX306007	立式钻床	钻孔直径 φ25	21105	4	170	14	610	4	2440	4585	0.91
JX306008	立式钻床	钻孔直径 φ35	31762	4	170	14	610	4	2440	5948	0.91
JX306009	立式钻床	钻孔直径 φ50	51030	4	170	14	610	4	2440	6232	0.91
JX306010	摇臂钻床	钻孔直径 φ25	26250	4	170	14	610	4	2440	7104	0.55
JX306011	摇臂钻床	钻孔直径 φ50	51975	4	170	14	610	4	2440	8830	0.55
JX306012	摇臂钻床	钻孔直径 φ63	66329	4	170	14	610	4	2440	10298	0.55
JX306013	台式钻床	钻孔直径 φ16	2615	4	170	14	610	4	2440	776	1.86
JX306014	联合冲剪机	板厚 16mm	72555	4	120	11	450	3	1350	7600	0.89

编号	机械名称	规格型号	预算价格	残值率	年工作台班(参考)	折旧年限(参考)	大修间隔台班	使用周期	耐用总台班	一次大修费	K值
			元	%	台班	年	台班		台班	元	
JX306015	剪板机	厚度×宽度 6.3mm×2000mm	90825	4	170	14	610	4	2440	7423	0.53
JX306016	剪板机	厚度×宽度 13mm×3000mm	146475	4	170	14	610	4	2440	8973	0.53
JX306017	剪板机	厚度×宽度 20mm×2000mm	221550	4	170	14	610	4	2440	11279	0.53
JX306018	剪板机	厚度×宽度 20mm×2500mm	240450	4	170	14	610	4	2440	13015	0.53
JX306019	剪板机	厚度×宽度 20mm×4000mm	430500	4	170	14	610	4	2440	16755	0.53
JX306020	剪板机	厚度×宽度 32mm×4000mm	667800	4	170	14	610	4	2440	19855	0.53
JX306021	剪板机	厚度×宽度 40mm×3100mm	905100	3	170	14	610	4	2440	26173	0.53
JX306022	卷板机	板厚×宽度 2mm×1600mm	33716	4	170	14	610	4	2440	5404	0.77
JX306023	卷板机	板厚×宽度 20mm×2000mm	117953	4	170	14	610	4	2440	8973	0.77
JX306024	卷板机	板厚×宽度 30mm×3000mm	515243	4	170	14	610	4	2440	23666	0.77
JX306025	卷板机	板厚×宽度 40mm×3500mm	1370500	4	170	14	610	4	2440	30466	0.77
JX306026	电动煨弯机	弯曲直径 ϕ500~180mm	124950	4	130	14	625	3	1875	7206	0.69

编号	机械名称	规格型号	预算价格	残值率	年工作台班(参考)	折旧年限(参考)	大修间隔台班	使用周期	耐用总台班	一次大修费	*K*值
			元	%	台班	年	台班		台班	元	
JX306027	钢筋调直机	$\phi14$	15229	4	100	10	500	2	1000	2327	2.58
JX306028	钢筋切断机	$\phi40$	7560	4	100	10	500	2	1000	1620	3.94
JX306029	钢筋弯曲机	$\phi40$	5229	4	100	10	500	2	1000	1172	4.88
JX306030	钢筋墩头机	$\phi5$	7560	4	100	10	500	2	1000	1438	4.08
JX306031	磨床	M131W	61845	4	150	14	540	4	2160	13272	0.72
JX306034	手提式圆锯机		7508	4	150	9	650	2	1300	2008	2.95
JX306035	木工圆锯机	$\phi500$	7613	4	150	9	650	2	1300	1283	1.5
JX306036	木工圆锯机	$\phi1000$	9051	4	150	9	650	2	1300	1755	1.5
JX306037	木工平刨床	刨削宽度 300mm	4788	4	180	10	875	2	1750	1185	3.86
JX306038	木工平刨床	刨削宽度 450mm	7455	4	180	10	875	2	1750	1386	3.86
JX306039	木工压刨床	刨削宽度 600mm(单面)	8247	4	180	10	875	2	1750	3495	2.72
JX306040	木工压刨床	刨削宽度 600mm(双面)	18648	4	180	10	875	2	1750	4060	2.72
JX306041	预应力钢筋拉伸机	拉伸力 60t	10815	4	100	10	500	2	1000	1676.4	3.64
JX306042	预应力钢筋拉伸机	拉伸力 65t	11550	4	100	10	500	2	1000	1793	3.64
JX306043	预应力钢筋拉伸机	拉伸力 85t	14175	4	100	10	500	2	1000	2141.7	3.64
JX306044	预应力钢筋拉伸机	拉伸力 90t	15960	4	100	10	500	2	1000	2399.1	3.64
JX306045	预应力钢筋拉伸机	拉伸力 120t	21735	4	100	10	500	2	1000	3166.9	3.64
JX306046	预应力钢筋拉伸机	拉伸力 300t	33096	4	100	10	500	2	1000	4660.7	3.64
JX306047	预应力钢筋拉伸机	拉伸力 500t	96075	4	100	10	500	2	1000	12051.6	3.64

七、焊接机械

编号	机械名称	规格型号	预算价格	残值率	年工作台班(参考)	折旧年限(参考)	大修间隔台班	使用周期	耐用总台班	一次大修费	K值
			元	%	台班	年	台班		台班	元	
JX307001	交流电焊机	21kV·A	4116	4	150	10	750	2	1500	1570	3.33
JX307002	交流电焊机	30kV·A	5229	4	150	10	750	2	1500	1887	3.33
JX307003	交流电焊机	32kV·A	5460	4	150	10	750	2	1500	1965	3.33
JX307004	交流电焊机	40kV·A	5565	4	150	10	750	2	1500	2098	3.33
JX307005	交流电焊机	42kV·A	5838	4	150	10	750	2	1500	2217	3.33
JX307006	交流电焊机	50kV·A	6458	4	150	10	750	2	1500	2331	3.33
JX307007	交流电焊机	80kV·A	6563	4	150	10	750	2	1500	2797	3.33
JX307008	直流电焊机	10kW	7140	4	150	10	750	2	1500	1494	4
JX307009	直流电焊机	20kW	9240	4	150	10	750	2	1500	2467	3.71
JX307010	直流电焊机	30kW	10343	4	150	10	750	2	1500	3083	3.71
JX307011	点焊机	短臂 50kV·A	6460	4	150	10	750	2	1500	2880	2.92
JX307012	点焊机	长臂 75kV·A	15450	4	150	10	750	2	1500	4050	2.92
JX307013	氩弧焊机	500A	12495	4	100	8	400	2	800	4352	3.4
JX307014	对焊机	10kV·A	4200	4	150	8	625	2	1250	1330	3.13
JX307015	对焊机	25kV·A	5460	4	150	8	625	2	1250	2111	3.13
JX307016	对焊机	75kV·A	9450	4	150	8	625	2	1250	2970	3.13
JX307017	半自动切割机	厚度 100mm	4567	4	150	10	750	2	1500	1212	6.26

八、动力机械

编号	机械名称	规格型号	预算价格	残值率	年工作台班(参考)	折旧年限(参考)	大修间隔台班	使用周期	耐用总台班	一次大修费	K值
			元	%	台班	年	台班		台班	元	
JX308001	柴油发电机	功率 30kW	48457	4	150	15	750	3	2250	9770	1.26
JX308002	柴油发电机	功率 50kW	54705	4	150	15	750	3	2250	10948	2.26
JX308003	柴油发电机	功率 60kW	65100	4	150	15	750	3	2250	11957	3.26
JX308004	柴油发电机	功率 100kW	77280	4	150	15	750	3	2250	14241	3.26
JX308005	柴油发电机	功率 120kW	94500	4	150	15	750	3	2250	20354	3.26
JX308006	柴油发电机	功率 160kW	159600	4	150	15	750	3	2250	21219	3.26
JX308007	柴油发电机	功率 200kW	194250	4	150	15	750	3	2250	23368	3.26
JX308008	柴油发电机	功率 320kW	299250	4	150	15	750	3	2250	41623	2.73
JX308009	汽油发电机	功率 10kW	27090	4	180	13	750	3	2250	5078	4.78
JX308010	电动空气压缩机	排气量 0.3m^3/min 以内	3255	4	200	10	667	3	2000	1146	4.78
JX308011	电动空气压缩机	排气量 0.6m^3/min 以内	4148	4	200	10	667	3	2000	1819	4.78
JX308012	电动空气压缩机	排气量 1m^3/min 以内	5513	4	200	10	667	3	2000	2329	4.78

编号	机械名称	规格型号	预算价格	残值率	年工作台班(参考)	折旧年限(参考)	大修间隔台班	使用周期	耐用总台班	一次大修费	K值
			元	%	台班	年	台班		台班	元	
JX308013	电动空气压缩机	排气量 $3m^3$/min 以内	32655	4	200	10	667	3	2000	9068	2.11
JX308014	电动空气压缩机	排气量 $6m^3$/min 以内	46830	4	200	10	667	3	2000	10739	2.11
JX308015	电动空气压缩机	排气量 $10m^3$/min 以内	65625	4	200	10	667	3	2000	11213	2.11
JX308016	电动空气压缩机	排气量 $20m^3$/min 以内	111300	4	200	10	667	3	2000	18373	2.11
JX308017	电动空气压缩机	排气量 $40m^3$/min 以内	330750	4	200	10	667	3	2000	28788	1.65
JX308018	内燃空气压缩机	排气量 $3m^3$/min 以内	40110	4	200	10	667	3	2000	14044	3.32
JX308019	内燃空气压缩机	排气量 $6m^3$/min 以内	68880	4	200	10	667	3	2000	17423	3.32
JX308020	内燃空气压缩机	排气量 $9m^3$/min 以内	90825	4	200	10	667	3	2000	18151	3.32
JX308021	内燃空气压缩机	排气量 $12m^3$/min 以内	97125	4	200	10	667	3	2000	23144	3.32
JX308022	内燃空气压缩机	排气量 $17m^3$/min 以内	107100	4	200	10	667	3	2000	36693	3.32
JX308023	内燃空气压缩机	排气量 $40m^3$/min 以内	296625	4	200	10	667	3	2000	63799	3.32
JX308024	工业锅炉	蒸发量 1t/h	139125	4	210	7	700	2	1400	26083	0.52

九、泵类机械

编号	机械名称	规格型号	预算价格	残值率	年工作台班(参考)	折旧年限(参考)	大修间隔台班	使用周期	耐用总台班	一次大修费	K值
			元	%	台班	年	台班		台班	元	
JX309001	电动单极离心清水泵	出口直径 φ50	2258	4	120	10	400	3	1200	1054	2.41
JX309002	电动单极离心清水泵	出口直径 φ100	7308	4	120	10	400	3	1200	1858	2.41
JX309003	电动单极离心清水泵	出口直径 φ150	9387	4	120	10	400	3	1200	3489	2.41
JX309004	电动单极离心清水泵	出口直径 φ200	12810	4	120	10	400	3	1200	4018	2.41
JX309005	电动多极离心清水泵	出口直径 φ100、扬程 120m 以下	10145	4	120	10	400	3	1200	3625	2.58
JX309006	电动多极离心清水泵	出口直径 φ150、扬程 180m 以下	28560	4	120	10	400	3	1200	7104	2.58
JX309007	污水泵	出口直径 φ70	3255	4	120	7	400	2	800	934	3.24
JX309008	污水泵	出口直径 φ100	6185	4	120	7	400	2	800	1146	3.24
JX309009	污水泵	出口直径 φ150	7298	4	120	7	400	2	800	1614	2.27
JX309010	污水泵	出口直径 φ200	30240	4	120	7	400	2	800	2745	2.27
JX309011	泥浆泵	出口直径 φ50	3255	4	120	7	400	2	800	1279	3.24
JX309012	泥浆泵	出口直径 φ100	20843	4	120	7	400	2	800	4415	3.24
JX309013	潜水泵	出口直径 φ50	1040	4	150	5	400	2	800	322	5.44

编号	机械名称	规格型号	预算价格	残值率	年工作台班(参考)	折旧年限(参考)	大修间隔台班	使用周期	耐用总台班	一次大修费	K值
			元	%	台班	年	台班		台班	元	
JX309014	潜水泵	出口直径 ϕ100	2310	4	150	5	400	2	800	716	5.44
JX309015	潜水泵	出口直径 ϕ150	6878	4	150	5	400	2	800	1143	5.44
JX309016	高压油泵	压力 50MPa 以内	5460	4	150	7	500	2	1000	2417	3.33
JX309017	高压油泵	压力 80MPa 以内	11760	4	150	7	500	2	1000	3015	3.33
JX309018	试压泵	压力 25MPa	5418	4	150	8	600	2	1200	1355	3.04
JX309019	试压泵	压力 30MPa	5586	4	150	8	600	2	1200	1637	3.04
JX309020	试压泵	压力 60MPa	6111	4	150	8	600	2	1200	3253	3.04
JX309021	试压泵	压力 80MPa	6405	4	150	8	600	2	1200	4148	3.04
JX309022	真空泵	抽气速度 204m^3/h	7466	4	100	8	400	2	800	2717	2.15
JX309023	真空泵	抽气速度 660m^3/h	10343	4	100	8	400	2	800	3840	2.15
JX309024	砂泵	出口直径 ϕ65mm	5544	4	100	8	400	2	800	2123	3.76
JX309025	砂泵	出口直径 ϕ100mm	9030	4	100	8	400	2	800	3238	3.76
JX309026	砂泵	出口直径 ϕ125mm	18690	4	100	8	400	2	800	6117	3.76
JX309027	双液压注浆泵	PH2×5	121060	3	120	9	560	2	1120	28654	0.96
JX309028	液压注浆泵	HYB50/50-1 型	49800	4	120	9	560	2	1120	14779	0.96

十、其他机械

编号	机械名称	规格型号	预算价格	残值率	年工作台班(参考)	折旧年限(参考)	大修间隔台班	使用周期	耐用总台班	一次大修费	K值
			元	%	台班	年	台班		台班	元	
JX310001	风动灌浆机	100～150L	5355	4	180	6	560	2	1120	1628	5.24
JX310002	电动灌浆机	100～150L	7340	4	180	6	560	2	1120	1808	5.24
JX310003	吹风机	$4m^3/min$	6259	4	75	13	500	2	1000	1009	2.52
JX310004	鼓风机	$8m^3/min$	12531	4	75	13	500	2	1000	1254	2.42
JX310005	鼓风机	$18m^3/min$	16832	4	75	13	500	2	1000	1878	2.42
JX310006	风动锻钎机		16901	4	130	12	520	3	1560	4079	0.7
JX310007	液压锻钎机		27789	4	130	12	520	3	1560	7051	0.7
JX310008	修钎机		39690	4	140	11	520	3	1560	5820	0.52
JX310009	磨钎机		30495	4	130	12	520	3	1560	18150	0.52
JX310010	泥浆拌和机	100～150L	3780	4	180	10	875	2	1750	1565	4.2
JX310011	泥浆拌和机	500L	8190	4	180	10	875	2	1750	1708	4.2
JX310012	泥浆拌和机	1000L	8741	4	180	10	875	2	1750	1850	2.95
JX310013	泥浆拌和机	2000L	13781	4	180	10	875	2	1750	1992	2.95
JX310015	液压千斤顶	起重量 100t	6510	4	130	12	520	3	1560	1997	1.66
JX310016	液压千斤顶	起重量 200t	9030	4	130	12	520	3	1560	2846	1.66
JX310017	液压千斤顶	起重量 300t	13440	4	130	12	520	3	1560	3682	1.66

第二部分

冶金工业矿山建设工程材料预算价格

第一章　材料预算价格

说　明

1.《冶金工业矿山建设工程材料预算价格》是作为《冶金工业矿山建设工程预算定额》基价的计价依据而编制的。

2. 本材料预算价格是按照2009年底和2010年初北京市建筑市场价格信息进行编制的。不同年度、不同地区使用时,所发生的差价,可按有关调价办法执行。

3. 本预算价格中缺项材料(包括新材料),各地区可按材料预算价格的编制原则,编制补充材料预算价格。

一、黑色及有色金属制品

材料代码	材料名称	单位	定额价
CL010001	白铁皮 0.82mm	kg	5.50
CL010002	摆式支座	t	4100.00
CL010003	扁钢	kg	3.90
CL010004	不锈钢板	kg	22.00
CL010005	槽钢	t	3700.00
CL010006	电焊条	kg	4.40
CL010007	定型钢模板	kg	5.00
CL010008	镀锌铁皮	m^2	42.84
CL010009	镀锌铁皮	m^2	43.00
CL010010	镀锌铁丝	kg	5.36
CL010011	镀锌铁丝 13 号～17 号	kg	5.65
CL010012	镀锌铁丝 18 号～22 号	kg	5.81
CL010013	镀锌铁丝 23 号～28 号	kg	6.38
CL010014	镀锌铁丝 8 号～12 号	kg	5.25
CL010015	钢板(薄)	t	3800.00
CL010016	钢板(薄)	kg	3.80
CL010017	钢板网 1×2000×4000	m^2	9.00
CL010018	钢管	kg	4.10
CL010019	钢管 DN50	kg	4.24
CL010020	钢轨	kg	4.50
CL010021	钢轨 15 号	kg	4.50

材料代码	材料名称	单位	定额价
CL010022	钢轨 15kg 8m	根	511.92
CL010023	钢轨 18kg 10m	根	812.70
CL010024	钢轨 18kg 8m	根	650.16
CL010025	钢轨 24kg 10m	根	1100.70
CL010026	钢轨 24kg 8m	根	880.56
CL010027	钢轨 43kg/m	根	2512.00
CL010028	钢轨 50kg/m 12.5m	根	2897.00
CL010029	钢绞线	kg	5.00
CL010030	钢筋 ϕ10 以内	t	3820.00
CL010031	钢筋 ϕ10 以内	kg	3.90
CL010032	钢筋 ϕ10 以外	t	3900.00
CL010033	钢筋 ϕ10 以外	kg	3.90
CL010034	钢筋 ϕ18	t	3940.00
CL010035	钢筋 ϕ20	t	3940.00
CL010036	钢筋 ϕ22	t	3940.00
CL010037	钢筋 ϕ25	t	3940.00
CL010038	钢筋 ϕ28	t	3840.00
CL010039	钢筋 ϕ30	t	3840.00
CL010040	钢筋锚杆 $\phi<20$ $L=1.6$m	根	13.28
CL010041	钢筋锚杆 $\phi<20$ $L=2.1$m	根	17.47
CL010042	钢筋锚杆 $\phi<20$ $L=2.6$m	根	21.72
CL010043	钢筋网	kg	5.01

材料代码	材料名称	单位	定额价
CL010044	钢丝绳	kg	8.80
CL010045	钢丝绳 1″	m	12.31
CL010046	钢丝绳 6×7.12－15	m	12.31
CL010047	钢丝绳 D－6×37＋1－6.1	m	4.43
CL010048	钢丝绳卡子 1 1/4″	个	5.00
CL010049	钢支撑	kg	5.50
CL010050	钢支架	t	5100.00
CL010051	钢支座	kg	6.30
CL010052	高强钢丝 ϕ5(不镀锌)	t	5300.00
CL010053	工具钢	kg	4.20
CL010054	工字钢	t	3800.00
CL010055	辊轴钢支座	t	4200.00
CL010056	焊接钢管	t	4100.00
CL010057	焊接钢管 DN150	m	69.46
CL010058	焊接钢管电焊 DN32－50	kg	4.80
CL010059	焊锡	kg	80.00
CL010060	合金片	g	0.80
CL010061	黑铁皮 1.5mm	kg	6.80
CL010062	花纹钢板	t	4000.00
CL010063	角钢	kg	3.50
CL010064	角钢	t	3500.00
CL010065	脚手钢管	t	3850.00

材料代码	材料名称	单位	定额价
CL010066	脚手管(扣)件	个	5.00
CL010067	截止阀 全铜	个	30.00
CL010068	旧钢轨	t	1800.00
CL010069	零星卡具	kg	4.00
CL010070	六角头螺栓带帽 M16	kg	8.00
CL010071	气焊条	kg	6.76
CL010072	切线支座	t	4200.00
CL010073	铁垫板 43kg	块	45.00
CL010074	铁垫板 50kg	块	48.00
CL010075	铁钉	kg	6.97
CL010076	铁钉	kg	6.97
CL010077	铁件	kg	5.50
CL010078	铁拉杆	kg	4.98
CL010079	铁皮管 ϕ50	m	56.00
CL010080	铁砂	kg	4.21
CL010081	铁砂	kg	3.00
CL010082	铁砂钻头	个	95.00
CL010083	铁砂钻头 ϕ110	个	25.50
CL010084	铁砂钻头 ϕ130	个	30.00
CL010085	铁砂钻头 ϕ150	个	35.00
CL010086	铁丝 14 号	kg	5.65
CL010087	铁丝 18 号~22 号	kg	5.90

材料代码	材料名称	单位	定额价
CL010088	铁丝 23 号 ~28 号	kg	6.00
CL010089	铁丝 8 ~22	kg	4.60
CL010090	铁线钉	kg	4.10
CL010091	铁座	块	3.20
CL010092	型钢	kg	3.70
CL010093	型钢	t	3700.00
CL010094	岩心管	m	52.00
CL010095	预应力钢筋	t	3800.00
CL010096	圆钉	kg	6.50
CL010097	圆钢	t	4500.00
CL010098	圆钢筋 A3ϕ18 以上	kg	3.50
CL010099	钢板(中厚)	t	3750.00
CL010100	中厚钢板 15mm 以下	kg	4.50
CL010101	中空六角钢	kg	10.00
CL010102	铸铁电焊条 铸 208ϕ3.2	kg	10.00
CL010103	铸铁电焊条 铸 308ϕ3.2	kg	80.00
CL010104	铸铁电焊条 铸 408ϕ3.2	kg	100.00
CL010105	铸铁电焊条 铸 508ϕ3.2	kg	127.00
CL010106	铸铁管 DN150	m	207.00
CL010107	铸铁花纹板	kg	5.00
CL010108	铸铁块	t	2800.00
CL010109	组合钢模板	kg	5.00

二、水泥及水泥制品

材料代码	材料名称	单位	定额价
CL020001	喷射混凝土 C20	m^3	230.00
CL020003	水泥砂浆 M20	m^3	193.64
CL020004	氟硅酸钠	kg	4.00
CL020005	钢筋混凝土盖板	m^3	657.00
CL020006	钢筋砼管 $\phi \leqslant 1000$	m	242.00
CL020007	钢筋砼管 $\phi \leqslant 1500$	m	610.00
CL020008	钢筋砼管 $\phi \leqslant 2000$	m	850.00
CL020009	混凝土铺面板	块	4.03
CL020010	混凝土砖	m^3	193.36
CL020011	加气混凝土块(保温型)	m^3	252.00
CL020012	加气混凝土块(非保温型)	m^3	210.00
CL020013	锚杆孔用砂浆	m^3	292.19
CL020014	喷射混凝土	m^3	197.00
CL020015	膨胀水泥	kg	0.47

材料代码	材料名称	单位	定额价
CL020016	石膏粉	kg	0.60
CL020017	水泥 32.5	kg	0.27
CL020018	水泥 32.5	t	270.00
CL020019	水泥 42.5	kg	0.30
CL020020	水泥 42.5	t	300.00
CL020021	水泥 52.5	kg	0.35
CL020022	水泥 52.5	t	350.00
CL020023	水泥 62.5	t	510.00
CL020024	无砂混凝土	m^3	150.00
CL020025	小石子混凝土	m^3	295.00
CL020026	混凝土小型空心砌块(保温型)	m^3	210.00
CL020027	混凝土小型空心砌块(非保温型)	m^3	208.00
CL020028	预制构件	m^3	550.00

三、木材及木材制品

材料代码	材料名称	单位	定额价
CL030001	板材	m^3	1300.00
CL030002	大枋	m^3	1700.00
CL030003	脚手杆	m^3	932.00
CL030004	锯材	m^3	1160.00
CL030005	坑木	m^3	980.00
CL030006	立井顶柱 木制	m^3	978.31
CL030007	毛竹 >1.7m 围径 27cm	根	6.00
CL030008	毛竹 >1.7m 围径 33cm	根	8.00
CL030009	毛竹 ϕ80×6000	根	16.00
CL030010	毛竹 ϕ90×6000	根	16.00
CL030011	毛竹片 12×0.21	片	3.00
CL030012	木模板	m^3	1545.31
CL030013	模板木材	m^3	1450.00
CL030014	木板	m^3	1550.00
CL030015	木材	m^3	1500.00
CL030016	木柴	kg	0.46
CL030017	木撑方材	m^3	2167.00

材料代码	材料名称	单位	定额价
CL030018	木防滑条(二等)	m^3	1170.00
CL030019	木脚手板	m^3	1200.00
CL030020	木脚手杆	m^3	1100.00
CL030021	木丝板	m^3	1461.36
CL030022	木丝板 25×610×1830	m^2	120.00
CL030023	木碹胎	m^3	1859.00
CL030024	木制水沟盖	m^3	1696.00
CL030025	小枋	m^3	1900.00
CL030026	碹胎垫木	m^3	1668.00
CL030027	原木	m^3	1100.00
CL030028	中枋	m^3	1800.00
CL030029	竹脚手板	块	20.00
CL030030	竹脚手板	m^2	30.00
CL030031	竹脚手架	m^2	23.00
CL030032	竹篾	百根	50.00
CL030033	竹片	根	3.00
CL030034	竹片 12×0.21	根	3.00

四、砖、瓦、灰、砂石

材料代码	材料名称	单位	定额价
CL040001	标准砖	1000 块	290.00
CL040002	粗料石	m^3	46.00
CL040003	道碴	m^3	45.00
CL040004	凡尔砂	kg	13.03
CL040005	反滤料	m^3	0.00
CL040006	黑色碎石	m^3	650.00
CL040007	红砖	千块	290.00
CL040008	混碴	m^3	35.00
CL040009	机制青砖 240×115×53	千块	400.00
CL040010	块石	m^3	44.00
CL040012	沥青砂	m^3	678.00
CL040013	砾石	m^3	45.00
CL040014	砾石 2~12mm	t	30.00
CL040015	砾石 20~40mm	m^3	45.00
CL040016	砾石 30~70mm	t	30.00
CL040017	砾石 5~32mm	t	30.00
CL040018	砾石 60mm	m^3	45.00
CL040019	卵石	m^3	43.00
CL040020	毛石	m^3	41.00
CL040021	片石	m^3	45.00
CL040022	砂土	m^3	35.00
CL040023	山皮石	m^3	39.00

材料代码	材料名称	单位	定额价
CL040024	烧结空心砖 240×175×115	千块	700.00
CL040025	生石灰	kg	0.15
CL040026	生石灰	t	150.00
CL040027	石灰膏	m^3	70.00
CL040028	石屑	t	48.00
CL040029	石屑	m^3	50.00
CL040030	石英石	kg	0.48
CL040031	碎(砾)石	m^3	55.00
CL040032	碎(砾)石 20～40mm	m^3	60.00
CL040033	碎石	m^3	50.00
CL040034	碎石 10mm	m^3	50.00
CL040035	碎石 15mm	m^3	50.00
CL040036	碎石 20mm	m^3	50.00
CL040037	碎石 40mm	m^3	50.00
CL040038	碎石 60mm	m^3	50.00
CL040039	碎石 80mm	m^3	50.00
CL040040	碎石道碴	m^3	50.00
CL040041	天然级配砾石	m^3	50.00
CL040042	天然级配砂石	m^3	43.00
CL040043	条石(紧方)	m^3	90.00
CL040044	小砾(碎)石	m^3	41.30
CL040045	中(粗)砂	m^3	47.00
CL040046	中(粗)砂	t	25.16

五、油及橡胶制品

材料代码	材料名称	单位	定额价
CL050001	板式橡胶支座	$100cm^3$	150.00
CL050002	防腐油	kg	2.67
CL050003	钢盆式橡胶支座 1000kN 以内	个	180.00
CL050004	钢盆式橡胶支座 1500kN 以内	个	180.00
CL050005	钢盆式橡胶支座 3000kN 以内	个	180.00
CL050006	钢盆式橡胶支座 4000kN 以内	个	180.00
CL050007	钢盆式橡胶支座 5000kN 以内	个	180.00
CL050008	钢盆式橡胶支座 7000kN 以内	个	180.00
CL050009	绝缘垫板	块	5.50
CL050010	绝缘垫片	块	1.76
CL050011	沥青	t	3300.00
CL050012	沥青 30 号	kg	4.50
CL050013	沥青混凝土(防渗层)	m^3	362.32
CL050014	沥青混凝土(整平胶结层)	m^3	208.06
CL050015	沥青玛碲脂	m^3	1498.00
CL050016	煤焦油	kg	2.05
CL050017	煤沥青	t	2400.00
CL050018	煤沥青（板油）	kg	2.40
CL050019	乳化沥青	kg	3.50
CL050020	石棉橡胶板 低中压 δ0.8－6	kg	12.49

材料代码	材料名称	单位	定额价
CL050021	石油沥青	kg	3.30
CL050022	石油沥青	t	3300.00
CL050023	石油沥青 10 号	t	3300.00
CL050024	石油沥青 3 号	t	1890.00
CL050025	石油沥青 5 号	t	2300.00
CL050026	石油沥青 60~100 号	t	3300.00
CL050027	石油沥青油砂	t	234.00
CL050028	石油沥青油毡	卷	45.00
CL050029	四氟板式橡胶支座	$100cm^3$	120.00
CL050030	碳精棒	kg	30.60
CL050031	橡胶板	kg	8.20
CL050032	橡胶板	m^2	30.00
CL050033	橡胶板 δ4-15	kg	5.60
CL050034	橡胶道口板	m^2	3380.00
CL050035	橡胶垫板 15/18 kg	块	2.80
CL050036	橡胶垫板 24kg	块	3.10
CL050037	橡胶垫板 δ=3	m^2	30.00
CL050038	橡胶护套管	m	45.00
CL050039	橡胶环	m	3.00
CL050040	橡胶环外套	m	18.00
CL050041	橡胶圈 DN1000	个	102.60
CL050042	橡胶圈 DN1200	个	132.60

材料代码	材料名称	单位	定额价
CL050043	橡胶圈 DN1400	个	168.90
CL050044	橡胶圈 DN1600	个	191.00
CL050045	橡胶圈 DN300	个	23.45
CL050046	橡胶圈 DN400	个	44.80
CL050047	橡胶圈 DN500	个	58.10
CL050048	橡胶圈 DN600	个	62.30
CL050049	橡胶圈 DN700	个	73.50
CL050050	橡胶圈 DN800	个	88.50
CL050051	橡胶圈 DN900	个	97.00
CL050052	橡胶圈(给水) DN100	个	4.98
CL050053	橡胶圈(给水) DN150	个	12.45
CL050054	橡胶圈(给水) DN200	个	16.95
CL050055	橡胶圈(给水) DN300	个	34.30
CL050056	橡胶圈(给水) DN400	个	64.40
CL050057	橡胶圈(给水) DN500	个	88.00
CL050058	橡胶石棉板	m^2	23.00
CL050059	橡胶条	kg	28.34
CL050060	橡皮板	kg	8.40
CL050061	橡皮垫板	m^2	20.01
CL050062	橡皮绝缘线	m	0.62
CL050063	渣油(重油)	t	1764.00

六、油漆及化工制品

材料代码	材料名称	单位	定额价
CL060001	白晋粉	kg	4.79
CL060002	白铅油	kg	12.38
CL060003	渣油	kg	1.76
CL060004	柴油	kg	7.63
CL060005	纯碱	kg	1.73
CL060006	磁漆	kg	10.00
CL060007	调和漆	kg	8.00
CL060008	防水粉	kg	7.70
CL060009	防水剂	kg	12.00
CL060010	防锈漆	kg	7.00
CL060011	防锈漆	kg	3.60
CL060012	隔离剂	kg	6.70
CL060013	滑石粉	t	300.00
CL060014	滑石粉	kg	0.30
CL060015	环氧树脂	kg	31.00
CL060016	黄干油	kg	9.98
CL060017	黄干油	kg	9.98
CL060018	机油	kg	7.90
CL060019	碱粉	kg	2.50
CL060020	焦炭	t	1200.00
CL060021	矿粉	kg	0.65

材料代码	材料名称	单位	定额价
CL060022	硫磺	kg	5.00
CL060023	氯丁橡胶粘接剂	kg	17.00
CL060024	氯化钙	kg	1.86
CL060025	煤油	kg	5.95
CL060026	硼砂	kg	5.10
CL060027	汽油	kg	6.50
CL060028	铅粉	kg	7.00
CL060029	青铅	kg	13.40
CL060030	清油	kg	14.00
CL060031	润滑剂	kg	8.00
CL060032	烧碱	kg	2.80
CL060033	石粉	m^3	48.00
CL060034	石蜡	kg	5.80
CL060035	石英粉	kg	0.45
CL060036	石英砂	kg	0.40
CL060037	水玻璃	kg	1.34
CL060038	松香	kg	10.00
CL060039	速凝剂	kg	1.80
CL060040	脱模剂	kg	3.00
CL060041	洗衣粉	kg	5.60
CL060042	压缩空气	m^3	0.20

材料代码	材料名称	单位	定额价
CL060043	氩气	m^3	15.00
CL060044	氧气	kg	2.13
CL060045	氧气	m^3	3.60
CL060046	乙炔气	kg	12.80
CL060047	乙炔气 0.975	m^3	21.67
CL060048	再生胶粉	kg	3.00
CL060049	铸石粉	kg	0.71

七、铁路器材

材料代码	材料名称	单位	定额价
CL070004	C 型无螺栓扣件	套	165.00
CL070005	T 型螺栓	个	3.80
CL070006	T 型螺栓 600 轨距	个	2.20
CL070007	T 型螺栓 762、900 轨距	个	2.80
CL070008	扳道器	组	1300.00
CL070009	扳道器 轻轨	组	350.00
CL070010	岔枕	m^3	2100.00
CL070011	长道钉	个	2.90
CL070012	衬垫	块	2.40
CL070013	穿销式防爬器	个	37.00
CL070014	带帽螺栓	kg	6.40
CL070015	带帽螺栓	套	1.57
CL070016	单开道岔 43kg 1/7	组	40000.00
CL070017	单开道岔 43kg 1/8	组	45000.00
CL070018	单开道岔 43kg 1/9	组	50000.00
CL070020	单开道岔 50kg 1/7	组	45000.00
CL070021	单开道岔 50kg 1/8	组	52000.00
CL070022	单开道岔 50kg 1/9	组	58000.00
CL070023	单开道岔 600 轨距 15kg 1/4	组	8500.00
CL070024	单开道岔 600 轨距 15kg 1/6	组	9100.00
CL070025	单开道岔 600 轨距 18kg 1/4	组	9000.00

材料代码	材料名称	单位	定额价
CL070026	单开道岔 600 轨距 18kg 1/6	组	9400.00
CL070027	单开道岔 762 轨距 18kg 1/4	组	11000.00
CL070028	单开道岔 762 轨距 18kg 1/8	组	11500.00
CL070029	单开道岔 762 轨距 24kg 1/4	组	15000.00
CL070030	单开道岔 762 轨距 24kg 1/6	组	18000.00
CL070031	单开道岔 762 轨距 24kg 1/8	组	21000.00
CL070032	单开道岔 900 轨距 18kg 1/6	组	12000.00
CL070033	单开道岔 900 轨距 24kg 1/6	组	20000.00
CL070034	单开道岔 900 轨距 24kg 1/7	组	21500.00
CL070035	单列向心球轴承 15×35×11	套	260.00
CL070036	弹簧垫板 15kg	块	4.30
CL070037	弹簧垫板 18kg	块	4.50
CL070038	弹簧垫板 24kg	块	5.00
CL070039	弹簧垫圈	个	1.10
CL070040	弹簧垫圈 15kg、18kg、24kg	个	1.00
CL070041	弹簧垫圈(接头)	个	2.00
CL070042	弹簧合页 双弹 L200	副	58.00
CL070043	弹条(A 型)	个	5.50
CL070044	弹条(B 型)	个	5.50
CL070045	弹条 AB 型	个	5.50
CL070046	挡板座	块	2.30
CL070047	道钉	个	1.89

材料代码	材料名称	单位	定额价
CL070048	道钉 15kg、18kg	个	1.40
CL070049	道钉 24kg	个	1.80
CL070050	道口标	个	280.00
CL070051	对称道岔 43kg 1/6	组	40000.00
CL070052	对称道岔 43kg 1/9	组	49000.00
CL070053	对称道岔 50kg 1/6	组	43000.00
CL070054	对称道岔 50kg 1/9	组	51000.00
CL070055	对称道岔 600 轨距 15kg 1/3	组	8300.00
CL070056	对称道岔 600 轨距 18kg 1/3	组	10800.00
CL070057	对称道岔 762 轨距 18kg 1/4	组	11000.00
CL070059	对角扣件	个	5.00
CL070060	方头大钉	个	7.00
CL070061	方形防转垫圈 50kg	个	13.00
CL070062	防爬撑	个	5.00
CL070063	防爬器	个	46.57
CL070064	防爬器 15kg	个	7.00
CL070065	防爬器 18kg	个	8.50
CL070066	防爬器 24kg	个	13.50
CL070067	防爬器 43kg、50kg	个	37.00
CL070068	复式交分道岔 43kg 1/7	组	35000.00
CL070069	复式交分道岔 43kg 1/8	组	40000.00
CL070070	复式交分道岔 43kg 1/9	组	43000.00

材料代码	材料名称	单位	定额价
CL070071	复式交分道岔 50kg 1/7	组	39000.00
CL070072	复式交分道岔 50kg 1/8	组	49000.00
CL070073	复式交分道岔 50kg 1/9	组	61000.00
CL070074	钢筋混凝土轨枕	根	100.00
CL070075	钢筋混凝土轨枕 600 轨距 15 ~ 18kg	根	45.00
CL070076	钢筋混凝土轨枕 762 轨距 18kg	根	55.00
CL070077	钢筋混凝土轨枕 762 轨距 24kg	根	55.00
CL070078	钢筋混凝土轨枕 900 轨距 18kg	根	65.00
CL070079	钢筋混凝土轨枕 900 轨距 24kg	根	65.00
CL070080	公里标	个	280.00
CL070081	轨撑	个	39.00
CL070082	轨距杆	根	150.00
CL070085	轨距杆 15kg 轨距 600mm	根	41.00
CL070084	轨距杆 18kg 轨距 600mm	根	48.00
CL070086	轨距杆 18kg 轨距 762mm	根	53.00
CL070087	轨距杆 24kg 轨距 762mm	根	53.00
CL070088	轨距杆 18kg 轨距 900mm	根	65.00
CL070089	轨距杆 24kg 轨距 900mm	根	65.00
CL070090	护轮单轨撑铁垫板	块	168.59
CL070091	护轮间隔材	组	230.00
CL070092	护轮接头铁垫板	块	131.00
CL070093	护轮双轨撑铁垫板	块	168.59

材料代码	材料名称	单位	定额价
CL070094	回转扣件	个	5.00
CL070095	间隔铁 50kg	个	59.42
CL070096	间隔铁螺母	个	1.78
CL070097	间隔铁螺栓 50kg	个	17.65
CL070098	交叉渡线道岔 43kg 4.5m 1/6	组	158000.00
CL070099	交叉渡线道岔 43kg 4.5m 1/7	组	163000.00
CL070100	交叉渡线道岔 43kg 4.5m 1/8	组	170000.00
CL070101	交叉渡线道岔 43kg 5m 1/6	组	159000.00
CL070102	交叉渡线道岔 43kg 5m 1/7	组	165000.00
CL070103	交叉渡线道岔 43kg 5m 1/8	组	168000.00
CL070104	交叉渡线道岔 43kg 5m 1/9	组	171000.00
CL070105	交叉渡线道岔 50kg 4.5m 1/6	组	170000.00
CL070106	交叉渡线道岔 50kg 4.5m 1/7	组	185000.00
CL070107	交叉渡线道岔 50kg 4.5m 1/8	组	198000.00
CL070108	交叉渡线道岔 50kg 5m 1/6	组	173000.00
CL070109	交叉渡线道岔 50kg 5m 1/7	组	189000.00
CL070110	交叉渡线道岔 50kg 5m 1/8	组	210000.00
CL070111	交叉渡线道岔 50kg 5m 1/9	组	229000.00
CL070112	交叉渡线道岔 600 轨距 15kg 1/4	组	48000.00
CL070113	接头轨距挡板	块	5.60
CL070114	接头夹板 18 ~43kg	kg	5.00
CL070115	警冲标	个	48.00

材料代码	材料名称	单位	定额价
CL070116	扣板	块	2.10
CL070117	扣板 15kg	个	1.80
CL070118	扣板 18kg	个	2.00
CL070119	扣板 24kg	个	2.30
CL070120	连接螺杆 320mm×30mm	个	10.00
CL070121	螺帽 600 轨距	个	1.00
CL070122	螺帽 762、900 轨距	个	1.00
CL070123	螺母	个	3.00
CL070124	螺栓	kg	6.80
CL070125	螺栓带帽	kg	6.80
CL070126	螺栓道钉带帽	套	6.80
CL070127	螺栓垫圈	kg	6.50
CL070128	螺纹道钉	套	6.68
CL070129	鸣笛标	个	280.00
CL070130	木枕轨 600 轨距 15~18kg	根	83.78
CL070131	木枕轨 762 轨距 18~24kg	根	89.76
CL070132	木枕轨 900 轨距 18~24kg	根	95.74
CL070133	尼龙套管 230mm×30mm	个	8.00
CL070134	平交道专用砼枕	根	450.00
CL070135	坡度标	个	280.00
CL070136	普通钢轨 24kg/m	t	5400.00
CL070137	曲线标	个	120.00

材料代码	材料名称	单位	定额价
CL070138	曲线护轮垫板	块	78.00
CL070139	铁垫板 15kg	块	4.18
CL070140	铁垫板 18kg	块	11.77
CL070141	铁垫板 24kg	块	12.80
CL070145	沉头螺栓	套	5.95
CL070146	油浸板	根	226.00
CL070147	油浸岔枕	m^3	2200.00
CL070148	油浸木枕	根	145.00
CL070149	鱼尾板	kg	7.00
CL070150	鱼尾板 15kg	块	11.08
CL070151	鱼尾板 18kg	块	17.57
CL070152	鱼尾板 24kg	块	27.43
CL070153	鱼尾板 43kg	块	98.00
CL070154	鱼尾板 50kg	块	138.00
CL070155	鱼尾螺栓带帽 15kg	套	2.30
CL070156	鱼尾螺栓带帽 18kg	套	2.60
CL070157	鱼尾螺栓带帽 24kg	套	2.80
CL070158	鱼尾螺栓带帽 43kg	套	5.30
CL070159	鱼尾螺栓带帽 50kg	套	6.50
CL070161	直角扣件	个	5.00
CL070162	中间、接头轨距挡板	块	4.35
CL070163	中间轨距挡板	块	5.10
CL070164	中间扣板	块	5.32

八、其他材料

材料代码	材料名称	单位	定额价
CL080001	2 号岩石炸药	kg	3.26
CL080002	胶质导线 $4mm^2$	m	2.60
CL080003	胶质导线 $6mm^2$	m	3.70
CL080004	PE 塑料管 $\phi20$	m	5.00
CL080005	安全网	m^2	9.73
CL080006	铵油炸药	kg	5.03
CL080008	扒钉	kg	6.00
CL080009	白棕绳 $\phi40$	kg	5.78
CL080010	背板	m^3	1558.47
CL080011	草袋	条	2.15
CL080012	草袋	个	2.15
CL080013	草皮	m^2	12.00
CL080014	草片	片	2.00
CL080015	弹性垫板	块	3.40
CL080016	导爆索	m	1.80
CL080017	电	kW · h	0.85
CL080018	电雷管	个	1.14
CL080019	对接扣件	个	5.00
CL080020	方钉 15×15×180	个	4.10
CL080021	非电毫秒管	个	1.94
CL080022	非电毫秒管 15m 脚线	个	7.18

材料代码	材料名称	单位	定额价
CL080023	非电雷管	个	1.50
CL080024	风镐钎	kg	6.30
CL080025	风镐凿子	根	9.00
CL080026	甘蔗板	m^2	6.00
CL080027	高压胶皮风管 1″×18×6	m	34.00
CL080028	高压胶皮水管 3/4″×18×6	m	34.00
CL080029	合金刀片	片	7.00
CL080030	合金头一字形	个	27.00
CL080031	合金钻头 ϕ38	个	30.00
CL080032	化风料(松方)	m^3	0.00
CL080033	黄土	m^3	15.00
CL080037	间隔器	个	50.00
CL080038	焦炭	kg	1.20
CL080039	脚手架底座	个	7.00
CL080040	金刚石钻头 ϕ150	个	250.00
CL080041	金属石棉带	m	18.00
CL080042	扩孔器	个	
CL080043	雷管(非金属壳)	个	1.00
CL080044	雷管(金属壳)	个	2.00
CL080045	麻布	m^2	2.92
CL080046	麻袋	个	5.50
CL080047	麻刀	kg	1.50
CL080048	麻丝	kg	6.80

材料代码	材料名称	单位	定额价
CL080049	码钉	kg	4.09
CL080050	锚固钻机冲击器	套	7500.00
CL080051	锚固钻机钻杆 ϕ76mm(1m)	根	500.00
CL080052	锚固钻机钻头	个	1200.00
CL080053	锚具 OVM	套	70.00
CL080054	煤	kg	0.54
CL080055	煤	t	540.00
CL080056	模板相缝料	kg	2.00
CL080057	母线	m	0.67
CL080058	母线(立井)	m	28.00
CL080059	木炭	kg	2.60
CL080060	尼龙帽	个	1.00
CL080061	尼龙砂轮片 ϕ100	片	10.34
CL080062	尼龙砂轮片 ϕ500	片	13.48
CL080063	尼龙线	m	0.60
CL080064	平垫圈	个	1.20
CL080065	破布	kg	5.54
CL080066	普通胶皮管	m	30.00
CL080069	起爆弹 0.5kg	个	18.00
CL080070	潜孔钻冲击器 HD45	套	7500.00
CL080071	潜孔钻冲击器 HD55	套	9700.00
CL080072	潜孔钻钻杆 ϕ76mm(3m)	根	1000.00
CL080073	潜孔钻钻杆 ϕ90mm(2m)	根	1000.00

材料代码	材料名称	单位	定额价
CL080074	乳化炸药 2 号	kg	7.36
CL080075	砂布	张	0.80
CL080076	砂布	kg	50.00
CL080078	石棉（各种规格）	kg	8.24
CL080079	石棉粉	kg	2.50
CL080080	石棉盘根	kg	12.10
CL080081	石棉绒	kg	3.60
CL080082	石棉绳	kg	18.00
CL080083	石棉绳 11 ~ 25	kg	11.87
CL080084	铈钨棒	g	0.69
CL080085	竖井顶柱	m^3	1324.69
CL080086	竖井钢模板	kg	6.20
CL080087	水	m^3	4.00
CL080088	塑料薄膜	m^2	0.80
CL080089	塑料导爆管	m	0.36
CL080090	塑料管 DN150	m	14.00
CL080091	塑料扎带	根	0.08
CL080092	塑料止水带	m	51.00
CL080093	橡胶止水带	m	56.00
CL080094	碳钢焊丝	kg	8.20
CL080095	铜芯橡皮电缆 XV5002 × 10mm	m	8.04
CL080096	土工布 400g/m^2	m^2	6.00
CL080097	土工格栅	m^2	13.50

材料代码	材料名称	单位	定额价
CL080098	土工膜	m^2	48.00
CL080099	外购土	m^3	10.00
CL080100	苇席	片	25.00
CL080101	细砂	m^3	42.00
CL080102	硝铵炸药	kg	6.39
CL080104	楔子	m^3	1508.51
CL080105	牙轮钻钻杆 9000×219×25 KY－250 45R	根	18000.00
CL080106	牙轮钻钻杆 9000×273×25 KY－310 60R	根	25000.00
CL080107	牙轮钻钻头 KY－250	个	8000.00
CL080108	牙轮钻钻头 KY－310	个	13000.00
CL080109	岩芯管 ϕ108	m	52.65
CL080110	岩芯管 ϕ159	m	55.70
CL080111	岩芯管	个	52.00
CL080112	油浸麻丝	kg	7.00
CL080113	油麻	kg	9.50
CL080114	油毛毡	m^2	2.60
CL080115	圆钻头	个	59.00
CL080116	黏土	m^3	20.00
CL080117	黏土	t	13.00
CL080118	潜孔钻钻头 ϕ115	个	1200.00
CL080119	潜孔钻钻头 ϕ140	个	1700.00
CL080120	铸石板 标准型	t	1450.00
CL080121	铸石板 异型	t	1962.00

材料代码	材料名称	单位	定额价
CL080122	铸石板 20mm 厚	t	1450.00
CL080123	铸石板 25mm 厚	t	1450.00
CL080124	铸石板 30mm 厚	t	1450.00
CL080125	棕皮	kg	2.89
CL080126	棕片	kg	5.00
CL080127	棕绳	kg	7.20
CL080128	钻杆	m	
CL080129	钻杆	kg	4.54
CL080130	钻杆	根	260.00
CL080131	钻杆接头	个	80.00
CL080132	钻头	个	0.00
CL080133	钻头	kg	29.47
CL080134	钻头	个	20.00
CL080135	钻头	根	0.00
CL080136	钻头钢	kg	4.90
CL080137	钻头钢	个	8.00
CL080138	钻头钢	根	8.00
CL080139	陶管 8cm×100cm	m	45.00

第二章　配合比

说　明

1. 本定额的各种配合比,是确定定额项目中配合比材料的含量和预算价的依据。施工时应按有关规定及试验部门的配合比配制,不得按本定额配合比表的材料用量直接使用。

2. 配合比表中列出的材料消耗量及其损耗量,配制所需人工、机械台班包括在相应项目内。

3. 配合比用砂是按天然砂(含水率2.5%)编制的,实际不同时不作调整。砌筑砂浆及抹灰砂浆包括了筛砂损耗,筛砂用工已包括在各相应项目内。

4. 各种混凝土的材料用量,均是以浇捣后的密实体积计算的。砌筑砂浆和抹灰砂浆是按实体积计算的,使用时不再增加虚实体积。

5. 配合比表中采用的水泥强度等级是按一般常用的强度等级取定的,实际使用的强度等级不同时不作调整。

6. 当混凝土设计有抗渗或抗冻等级要求时,必须同时满足其强度等级。

7. 混凝土用石子分别编入了碎石及砾石两部分。石子粒径分三级,即最大粒径10(15)mm、20mm、40mm。如最大粒径超过40mm时,可按40mm粒径项目计算。冲洗石子用工已包括在相应项目内。

8. 本配合比表中的用水量包括配制用水和淋化石灰膏用水,其他如养护用水、洗刷工具用水、冲洗石子用水及淋化石灰膏用工均包括在相应项目中。

一、现浇混凝土配合比

1. 碎石

单位：m^3

定额编号			PH101001	PH101002	PH101003	PH101004
项目	单位	单价(元)	碎石最大粒径 10 mm			
			混凝土强度等级			
			C15	C20	C25	C30
基价	**元**		**153.80**	**172.39**	**174.20**	**187.66**
水泥 32.5	t	270.00	0.310	0.388	–	–
水泥 42.5	t	300.00	–	–	0.351	0.401
中(粗)砂	m^3	47.00	0.554	0.492	0.502	0.449
碎石	m^3	50.00	0.864	0.873	0.889	0.908
水	m^3	4.00	0.215	0.215	0.215	0.215

单位:m³

定额编号			PH101005	PH101006	PH101007	PH101008	PH101009	PH101010
项目	单位	单价(元)	碎石最大粒径 15 mm					
			混凝土强度等级					
			C10	C15	C20	C25	C30	C35
基价	元		**136.49**	**152.37**	**170.52**	**172.36**	**185.52**	**198.46**
水泥 32.5	t	270.00	0.236	0.303	0.379	–	–	–
水泥 42.5	t	300.00	–	–	–	0.343	0.392	0.441
中(粗)砂	m^3	47.00	0.590	0.543	0.483	0.492	0.439	0.428
碎石	m^3	50.00	0.884	0.884	0.893	0.910	0.929	0.904
水	m^3	4.00	0.210	0.210	0.210	0.210	0.210	0.210

单位：m^3

定额编号			PH101011	PH101012	PH101013	PH101014	PH101015
项目	单位	单价(元)	碎石最大粒径 15 mm				
			混凝土强度等级				
			C40	C45	C50	C55	C60
基价	元		**211.74**	**224.36**	**237.15**	**249.73**	**311.28**
水泥 52.5	t	350.00	0.413	0.453	0.493	0.533	–
水泥 62.5	t	510.00	–	–	–	–	0.483
中(粗)砂	m^3	47.00	0.434	0.426	0.379	0.370	0.381
碎石	m^3	50.00	0.919	0.899	0.919	0.899	0.924
水	m^3	4.00	0.210	0.210	0.210	0.210	0.210

单位：m^3

定额编号			PH101016	PH101017	PH101018	PH101019	PH101020	PH101021
项目	单位	单价(元)	碎石最大粒径 20 mm					
			混凝土强度等级					
			C10	C15	C20	C25	C30	C35
基价	**元**		**133.06**	**148.00**	**164.63**	**166.22**	**178.67**	**190.85**
水泥 32.5	t	270.00	0.219	0.282	0.352	–	–	–
水泥 42.5	t	300.00	–	–	–	0.318	0.364	0.410
中(粗)砂	m^3	47.00	0.585	0.539	0.479	0.488	0.436	0.426
碎石	m^3	50.00	0.913	0.915	0.926	0.942	0.964	0.941
水	m^3	4.00	0.195	0.195	0.195	0.195	0.195	0.195

单位：m^3

定额编号			PH101022	PH101023	PH101024	PH101025	PH101026
项目	单位	单价(元)	碎石最大粒径 20 mm				
			混凝土强度等级				
			C40	C45	C50	C55	C60
基价	元		**203.14**	**214.81**	**226.65**	**238.28**	**250.07**
水泥 52.5	t	350.00	0.384	0.421	0.458	0.495	0.532
中(粗)砂	m^3	47.00	0.431	0.423	0.376	0.368	0.336
碎石	m^3	50.00	0.954	0.936	0.958	0.939	0.946
水	m^3	4.00	0.195	0.195	0.195	0.195	0.195

单位：m³

定额编号			PH101027	PH101028	PH101029	PH101030	PH101031	PH101032
项目	单位	单价(元)	碎石最大粒径 40 mm					
			混凝土强度等级					
			C10	C15	C20	C25	C30	C35
基价	**元**		**129.67**	**143.46**	**158.94**	**160.51**	**171.82**	**182.90**
水泥 32.5	t	270.00	0.202	0.260	0.325	–	–	–
水泥 42.5	t	300.00	–	–	–	0.294	0.336	0.378
中(粗)砂	m^3	47.00	0.564	0.520	0.461	0.469	0.417	0.408
碎石	m^3	50.00	0.958	0.962	0.976	0.991	1.014	0.992
水	m^3	4.00	0.180	0.180	0.180	0.180	0.180	0.180

单位：m^3

定额编号			PH101033	PH101034	PH101035	PH101036	PH101037
项目	单位	单价(元)	碎石最大粒径 40 mm				
			混凝土强度等级				
			C40	C45	C50	C55	C60
基价	元		**194.28**	**204.95**	**215.84**	**226.96**	**237.76**
水泥 52.5	t	350.00	0.354	0.388	0.422	0.457	0.491
中(粗)砂	m^3	47.00	0.414	0.406	0.359	0.353	0.321
碎石	m^3	50.00	1.004	0.987	1.011	0.994	1.002
水	m^3	4.00	0.180	0.180	0.180	0.180	0.180

2. 砾石

单位：m^3

定额编号			PH101038	PH101039	PH101040	PH101041	PH101042	PH101043
项目	单位	单价(元)	砾石最大粒径10mm					
			混凝土强度等级					
			C10	C15	C20	C25	C30	C35
基价	元		**144.96**	**152.56**	**171.03**	**174.23**	**186.28**	**198.26**
水泥 32.5	t	270.00	0.289	0.321	0.399	–	–	–
水泥 42.5	t	300.00	–	–	–	0.366	0.411	0.456
中(粗)砂	m^3	47.00	0.508	0.458	0.400	0.428	0.398	0.362
砾石	m^3	45.00	0.939	0.968	0.971	0.967	0.966	0.970
水	m^3	4.00	0.200	0.200	0.200	0.200	0.200	0.200

单位：m^3

定额编号			PH101044	PH101045	PH101046	PH101047	PH101048
项目	单位	单价(元)	砾石最大粒径 10 mm				
			混凝土强度等级				
			C40	C45	C50	C55	C60
基价	**元**		**212.84**	**224.55**	**235.96**	**297.88**	**312.17**
水泥 52.5	t	350.00	0.430	0.467	0.503	–	–
水泥 62.5	t	510.00	–	–	–	0.464	0.494
中(粗)砂	m^3	47.00	0.394	0.360	0.328	0.361	0.330
砾石	m^3	45.00	0.956	0.964	0.971	0.966	0.976
水	m^3	4.00	0.200	0.200	0.200	0.200	0.200

单位：m^3

定额编号			PH101049	PH101050	PH101051	PH101052	PH101053	PH101054
项目	单位	单价(元)	砾石最大粒径 20 mm					
			混凝土强度等级					
			C10	C15	C20	C25	C30	C35
基价	元		**138.67**	**145.53**	**162.10**	**164.89**	**175.87**	**186.50**
水泥 32.5	t	270.00	0.260	0.289	0.359	–	–	–
水泥 42.5	t	300.00	–	–	–	0.329	0.370	0.410
中(粗)砂	m^3	47.00	0.506	0.470	0.412	0.426	0.397	0.361
砾石	m^3	45.00	0.977	0.993	1.002	1.010	1.011	1.018
水	m^3	4.00	0.180	0.180	0.180	0.180	0.180	0.180

单位:m^3

定 额 编 号			PH101055	PH101056	PH101057	PH101058	PH101059
项 目	单位	单价(元)	砾石最大粒径 20 mm				
			混凝土强度等级				
			C40	C45	C50	C55	C60
基 价	**元**		**199.73**	**210.23**	**220.72**	**275.99**	**289.35**
水泥 52.5	t	350.00	0.387	0.420	0.453	–	–
水泥 62.5	t	510.00	–	–	–	0.417	0.445
中(粗)砂	m^3	47.00	0.393	0.360	0.328	0.361	0.329
砾石	m^3	45.00	1.002	1.013	1.023	1.014	1.027
水	m^3	4.00	0.180	0.180	0.180	0.180	0.180

单位:m^3

定额编号			PH101060	PH101061	PH101062	PH101063	PH101064	PH101065
项目	单位	单价(元)	砾石最大粒径 40 mm					
			混凝土强度等级					
			C10	C15	C20	C25	C30	C35
基价	**元**		**133.78**	**140.25**	**155.44**	**158.12**	**167.99**	**177.85**
水泥 32.5	t	270.00	0.238	0.265	0.329	–	–	–
水泥 42.5	t	300.00	–	–	–	0.302	0.339	0.376
中(粗)砂	m^3	47.00	0.499	0.450	0.394	0.421	0.392	0.357
砾石	m^3	45.00	1.009	1.042	1.054	1.046	1.049	1.058
水	m^3	4.00	0.165	0.165	0.165	0.165	0.165	0.165

单位：m^3

定额编号			PH101066	PH101067	PH101068	PH101069	PH101070
项目	单位	单价(元)	砾石最大粒径 40 mm				
			混凝土强度等级				
			C40	C45	C50	C55	C60
基价	**元**		**190.04**	**199.57**	**209.06**	**260.20**	**272.07**
水泥 52.5	t	350.00	0.355	0.385	0.415	–	–
水泥 62.5	t	510.00	–	–	–	0.383	0.408
中(粗)砂	m^3	47.00	0.389	0.356	0.323	0.356	0.324
砾石	m^3	45.00	1.041	1.054	1.066	1.055	1.069
水	m^3	4.00	0.165	0.165	0.165	0.165	0.165

二、沥青混凝土配合比

单位：m^3

定额编号			PH102001	PH102002	PH102003	PH102004	PH102005
项目	单位	单价(元)	耐酸沥青混凝土		沥青混凝土		水玻璃耐酸混凝土
			细粒式	中粒式	细粒式	中粒式	
基价	**元**		**1665.14**	**1630.23**	**888.50**	**800.40**	**1611.20**
中(粗)砂	m^3	47.00	–	–	0.855	0.707	–
碎石	m^3	50.00	–	–	0.514	0.700	–
石油沥青	t	3300.00	0.210	0.189	0.203	0.180	–
石英石	kg	0.48	663.000	911.000	–	–	934.000
石英砂	kg	0.40	1106.000	936.000	–	–	705.000
石英粉	kg	0.45	470.000	433.000	–	–	259.000
滑石粉	kg	0.30	–	–	509.040	460.560	–
水玻璃	kg	1.34	–	–	–	–	284.000
氟硅酸钠	kg	4.00	–	–	–	–	45.000
铸石粉	kg	0.71	–	–	–	–	287.000

三、砌筑砂浆配合比

单位：m^3

定额编号			PH103001	PH103002	PH103003	PH103004	PH103005
项目	单位	单价(元)	水泥砂浆				
			M2.5	M5	M7.5	M10	M15
			中（粗）砂				
基价	元		**107.72**	**110.96**	**119.06**	**127.16**	**143.09**
水泥 32.5	t	270.00	0.202	0.214	0.244	0.274	0.333
中(粗)砂	m^3	47.00	1.106	1.106	1.106	1.106	1.106
水	m^3	4.00	0.300	0.300	0.300	0.300	0.300

单位:m^3

定　额　编　号			PH103006	PH103007	PH103008	PH103009	PH103010
项　目	单位	单价(元)	水泥石灰砂浆				
			M2.5	M5	M7.5	M10	M15
			中(粗)砂				
基　价	元		**119.16**	**124.23**	**129.54**	**134.87**	**144.95**
水泥 32.5	t	270.00	0.185	0.214	0.244	0.274	0.333
生石灰	t	150.00	0.099	0.082	0.065	0.048	0.012
中(粗)砂	m^3	47.00	1.106	1.106	1.106	1.106	1.106
水	m^3	4.00	0.594	0.543	0.483	0.428	0.314

单位：m^3

定额编号			PH103011	PH103012
项目	单位	单价(元)	石灰黏土砂浆	黏土砂浆
			中(粗)砂	
基价	元		**83.73**	**59.58**
生石灰	t	150.00	0.177	-
中(粗)砂	m^3	47.00	1.106	1.106
黏土	m^3	20.00	0.080	0.260
水	m^3	4.00	0.900	0.600

四、抹灰砂浆配合比

单位:m^3

定额编号			PH104001	PH104002	PH104003	PH104004	PH104005	PH104006	PH104007
项目	单位	单价(元)	水泥砂浆						
			1∶1	1∶1.5	1∶2	1∶2.5	1∶3	1∶4	1∶6
			中(粗)砂						
基价	元		**238.34**	**214.44**	**197.16**	**184.13**	**162.26**	**134.99**	**107.72**
水泥 32.5	t	270.00	0.758	0.638	0.551	0.485	0.404	0.303	0.202
中(粗)砂	m^3	47.00	0.691	0.872	1.004	1.106	1.106	1.106	1.106
水	m^3	4.00	0.300	0.300	0.300	0.300	0.300	0.300	0.300

单位：m^3

定额编号			PH104008	PH104009	PH104010	PH104011	PH104012
项目	单位	单价(元)	水泥石灰砂浆				
			1∶1∶1	1∶1∶2	1∶1∶3	1∶1∶4	1∶1∶5
			中(粗)砂				
基价	**元**		**191.47**	**172.31**	**159.36**	**149.09**	**140.87**
水泥 32.5	t	270.00	0.467	0.379	0.319	0.275	0.242
中(粗)砂	m^3	47.00	0.425	0.691	0.872	1.004	1.106
水	m^3	4.00	1.000	0.900	0.900	0.800	0.600
生石灰	t	150.00	0.276	0.226	0.191	0.163	0.141

单位：m^3

定额编号			PH104013	PH104014	PH104015	PH104016	PH104017
项目	单位	单价(元)	水泥石灰砂浆				
			1∶1∶6	1∶1∶7	1∶1∶8	1∶0.5∶0.5	1∶0.5∶1
			中（粗）砂				
基价	**元**		**126.92**	**115.54**	**108.82**	**229.71**	**209.21**
水泥 32.5	t	270.00	0.202	0.173	0.152	0.674	0.577
生石灰	t	150.00	0.120	0.099	0.092	0.198	0.170
中(粗)砂	m^3	47.00	1.106	1.106	1.106	0.307	0.526
水	m^3	4.00	0.600	0.500	0.500	0.900	0.800

单位：m^3

定　额　编　号			PH104018	PH104019	PH104020	PH104021	PH104022	PH104023
项　目	单位	单价(元)	水泥石灰砂浆					
			1∶0.5∶2	1∶0.5∶3	1∶0.5∶4	1∶0.5∶5	1∶0.1∶2.5	1∶0.2∶2
			中（粗）砂					
基　价	**元**		**183.02**	**165.38**	**150.39**	**129.97**	**182.85**	**190.99**
水泥 32.5	t	270.00	0.449	0.367	0.303	0.242	0.467	0.505
生石灰	t	150.00	0.134	0.106	0.092	0.071	0.028	0.057
中(粗)砂	m^3	47.00	0.819	1.004	1.106	1.106	1.063	0.921
水	m^3	4.00	0.800	0.800	0.700	0.500	0.650	0.700

单位：m^3

定额编号			PH104024	PH104025	PH104026	PH104027
项目	单位	单价(元)	水泥石灰砂浆			
			1:0.3:2.5	1:0.3:3	1:2:1	1:2:9
			中(粗)砂			
基价	**元**		**177.50**	**169.26**	**169.62**	**115.31**
水泥 32.5	t	270.00	0.433	0.391	0.337	0.139
生石灰	t	150.00	0.076	0.071	0.396	0.156
中(粗)砂	m^3	47.00	0.987	1.069	0.307	1.106
水	m^3	4.00	0.700	0.700	1.200	0.600

单位：m^3

定额编号			PH104028	PH104029	PH104030	PH104031	PH104032	PH104033	PH104034
项目	单位	单价(元)	水泥石灰砂浆			石灰砂浆			
			1∶0.2∶1.5 加30%石英砂	1∶0.2∶2 加30%石英砂	1∶3∶9	1∶2	1∶2.5	1∶3	1∶4
			中（粗）砂						
基价	**元**		**337.18**	**338.02**	**121.26**	**100.34**	**98.43**	**90.78**	**82.13**
水泥 32.5	t	270.00	0.577	0.505	0.129	–	–	–	–
生石灰	t	150.00	0.068	0.057	0.226	0.325	0.283	0.240	0.177
中(粗)砂	m^3	47.00	0.553	0.645	1.058	1.004	1.106	1.106	1.106
石英砂	kg	0.40	356.000	400.000	–	–	–	–	–
水	m^3	4.00	0.700	0.700	0.700	1.100	1.000	0.700	0.900

单位:m^3

定　额　编　号			PH104035	PH104036
项　目	单位	单价(元)	素石膏浆	素水泥浆
基　价	**元**		**522.60**	**407.74**
水泥 32.5	t	270.00	–	1.502
石膏粉	kg	0.60	867.000	–
水	m^3	4.00	0.600	0.550

五、其他

单位：m^3

定额编号			PH105001	PH105002	PH105003
项目	单位	单价(元)	喷射混凝土	锚杆用砂浆	沥青砂浆 1：2：7
基价	元		**231.76**	**277.37**	**1000.59**
水泥 42.5	t	300.00	0.438	0.798	–
石油沥青	t	3300.00	–	–	0.244
滑石粉	kg	0.30	–	–	468.000
中(粗)砂	m^3	47.00	0.820	0.790	1.170
碎石	m^3	50.00	0.750	–	–
速凝剂	kg	1.80	13.000	–	–
水	m^3	4.00	0.230	0.210	–

主编单位： 冶金工业邯郸矿山预算定额站

参编单位： 冶金工业建设工程定额总站

协编单位： 鹏业软件股份有限公司

综 合 组： 张德清　张福山　赵　波　陈　月　乔锡凤　常汉军　滕金年　刘天威　王占国

主　　编： 乔锡凤　彭佩华

参　　编： 宋　莱　姚　波

编辑排版： 赖勇军　马　丽